高职高专"十三五"规划教材

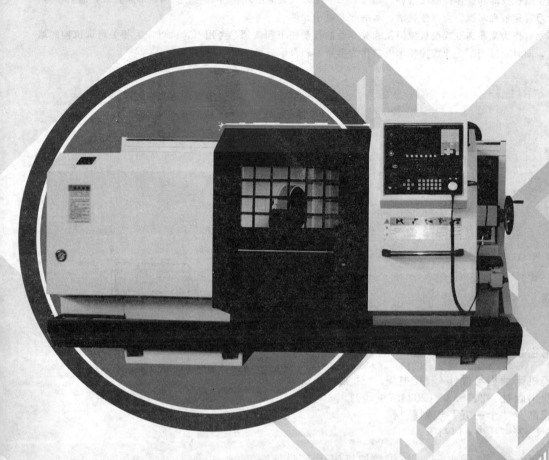

数控机床编程与操作

第二版

朱 虹 主编 叶正环 副主编

U0201507

化学工业出版社

·北京·

本书重点以 FANUC 和 SIEMENS 系统为例，介绍数控车床、数控铣床及加工中心的编程方法以及机床操作方法，并以具体典型零件为例，详细介绍了其从工艺分析到编程加工的全过程，完整体现了相关知识和技能的综合运用。书中内容全面，重点突出，编写过程既兼顾编程知识的完整性和实用性，又着重体现对学生编程技能和操作技能的培养。同时，书中配以大量的图片和典型生产实例，形象直观，通俗易懂，便于学习者理解和掌握。为方便教学，本书配套电子课件。

本书可作为高职高专院校机械类及相关专业的教学用书和教师参考用书，也可作为相关培训机构的培训教材，同时也适用于企业数控技术人员作为参考书和自学教材。

图书在版编目（CIP）数据

数控机床编程与操作/朱虹主编. —2 版. —北京：化学工业出版社，2018.3 （2024.7重印）
高职高专"十三五"规划教材
ISBN 978-7-122-31421-5

Ⅰ.①数… Ⅱ.①朱… Ⅲ.①数控机床-程序设计-高等职业教育-教材②数控机床-操作-高等职业教育-教材 Ⅳ.①TG659

中国版本图书馆 CIP 数据核字（2018）第 013610 号

责任编辑：韩庆利　　　　　　　　　　文字编辑：张绪瑞
责任校对：边　涛　　　　　　　　　　装帧设计：张　辉

出版发行：化学工业出版社（北京市东城区青年湖南街 13 号　邮政编码 100011）
印　　装：河北延风印务有限公司
787mm×1092mm　1/16　印张 14¼　字数 359 千字　2024 年 7 月北京第 2 版第 6 次印刷

购书咨询：010-64518888　　　　　　售后服务：010-64518899
网　　址：http://www.cip.com.cn
凡购买本书，如有缺损质量问题，本社销售中心负责调换。

定　　价：32.00 元

前 言

机械制造业是国民经济的支柱产业，是反映一个国家经济实力和科学技术水平的重要标志。近年来随着计算机技术、电子技术的发展，制造业也朝着数字化方向飞速迈进，而数字化的核心就是数控技术。世界各工业发达国家通过发展数控技术、建立数控机床产业，促进制造业跨入一个新的发展阶段，给国民经济的结构带来了巨大的变化。我国是机械制造业大国，数控机床的普及急需大批掌握数控设备的编程和操作能力的高素质人才。

本书重点以 FANUC 系统为例，详细介绍手工编程基础知识和机床操作基本技能，并精选企业典型生产实例，完整体现相关知识和技能的综合运用。同时还介绍了 SIEMENS 系统的编程知识、自动编程方法以及机床维护保养知识，内容全面实用。全书共分 9 章，分别介绍了数控编程基础、数控车床编程、数控车床操作、数控车床零件加工综合实例、数控铣床与加工中心编程、数控铣床与加工中心操作、数控铣床与加工中心零件加工综合实例、UG NX 自动数控编程、数控机床安全操作与维护保养。

在本书编写中，始终贯彻以培养生产一线所需的数控机床编程与操作技能型人才为目标，突出编程与操作实际应用能力的培养。本书可作为高等职业技术学院数控技术专业及相关专业的教学用书，也可作为企业数控人员的培训教材或自学参考书。

本书由朱虹主编和统稿，叶正环任副主编。其中，第 1、3、5、6 章由朱虹编写，第 2章由朱虹、叶正环编写，第 4 章中的 4.1 节由刘思远编写，4.2 节由杨凤艳编写，第 7 章中的 7.1 节由石磊编写，7.2 节由李雅娜编写，第 8 章中的 8.1 和 8.3 节由姬彦巧编写，8.2节由吴伟涛编写，第 9 章由伊雪飞编写。教材的审阅由沈阳机床集团的资深专家完成，其中第 1～4 章由徐宝军主审，第 5～9 章由李东来主审。另外在编写过程中，得到了辽宁装备制造职业技术学院宋欣颖、王立辉、于洋、吕品等领导和同事的大力协助，在此表示衷心的感谢。

本书配套电子课件，可免费赠送给用书的院校和老师，如果需要，可登录化学工业出版社教学资源网 www.cipedu.com.cn 下载。

由于编者水平有限，时间仓促，书中难免会有一些疏漏和不足之处，欢迎广大读者批评指正。

编　者

目　录

第1章

数控编程基础

1.1 数控编程的概念

1.1.1 数控加工过程

数控加工，就是泛指在数控机床上进行零件加工的工艺过程。数控机床是数字控制机床的简称，是一种装有数控系统的自动化机床，它的运动和辅助动作均受控于数控系统发出的指令。数控机床一般由控制介质、输入输出装置、数控装置、伺服系统、检测反馈装置和机床主机等组成，如图1-1所示。控制介质也称程序介质，是指以指令的形式记载各种加工信息的物质，如零件加工的工艺过程、工艺参数和刀具运动等。输入输出装置是机床与外部设备的接口，主要实现程序编制、程序和数据的输入以及显示、存储和打印。数控装置是数控机床的中枢，通过对程序进行编译、运算和逻辑处理后，输出各种控制信息和指令，控制数控机床对零件切削加工。伺服系统的作用是把来自数控装置的脉冲信号转换

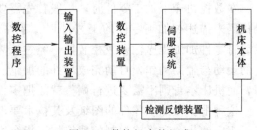

图1-1 数控机床的组成

成机床移动部件的运动。检测反馈装置的作用是对机床的实际运动速度、方向、位移量以及加工状态进行检测，将测量结果转化为电信号反馈给数控装置。机床本体是数控机床的主体，由主轴装置、进给装置、床身、工作台以及辅助运动装置、液压气动系统、润滑系统、冷却装置等组成。

与普通机床相比，数控机床是一种高速自动化的机床，即加工过程可实现自动化控制，数控机床的加工过程如图1-2所示。

(1) 工艺分析

工艺分析是指根据零件图样的工件材料、几何性质特征、加工精度和热处理等各项要求，合理地选择加工方案，确定加工顺序、切削路线、装夹方式、刀具参数、切削参数等。

(2) 程序编制

程序编制就是把零件的图形尺寸、工艺过程、工艺参数、机床的运动及刀具位移等内

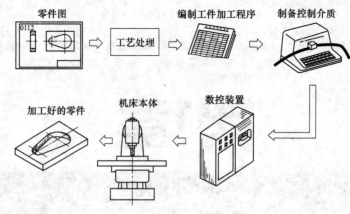

图 1-2　数控机床的加工过程

容，按数控机床的编程格式和语言记录在程序单上。

（3）程序传输

把编制好的程序内容记录在控制介质上，通过程序的手工输入或通信传输送入数控系统。

（4）零件加工

机床数控系统将加工程序语句译码、运算，转换成驱动各运动部件的动作指令。机床伺服系统接收来自数控系统的指令，控制驱动部件进行运动，完成对零件的加工。

1.1.2　数控编程的概念

在数控机床上加工零件时，一般首先需要编写零件加工程序，即用数字和字母组成的指令代码来描述被加工零件的工艺过程、零件尺寸和工艺参数（如主轴转速、进给速度等），然后将零件加工程序输入数控装置，经过计算机的处理与计算，发出各种控制指令，控制机床的运动与辅助动作，自动完成零件的加工。当变更加工对象时，只需重新编写零件加工程序，而机床本身则不需要进行调整就能把零件加工出来。

这种根据被加工零件的图纸及其技术要求、工艺要求等切削加工的必要信息，按数控系统所规定的指令和格式编制的数控加工指令序列，就是数控加工程序，或称零件程序。要在数控机床上进行加工，数控加工程序是必需的。制备数控加工程序的过程称为数控加工程序编制，简称数控编程（NC Programming），它是数控加工中一项极为重要的工作。

1.1.3　数控编程的方法

数控加工程序的编制有手工编程和自动编程两种方法。

（1）手工编程

零件图分析、工艺处理、数值计算、程序编制等各个阶段均由手工完成的编程方法，称为手工编程。对于点位加工或几何形状不太复杂的平面零件，由于数值计算较为简单，且程序段较短，因此用手工编程较为经济。但是，下列情况不适合用手工编程：

① 形状较复杂的零件，特别是由非圆曲线、空间曲线等几何元素组成的零件；

② 几何元素并不复杂但程序量很大的零件，如在一个零件上有数百个甚至上千个孔；

③ 当铣削轮廓时，数控装置不具备刀具半径自动补偿功能，而只能以刀具中心的运动

轨迹进行编程的情况。

在以上这些情况下，编程中的数值计算相当烦琐且程序量大，所费时间多且易出错。而且，有时手工编程根本难以完成。为缩短生产周期，提高数控机床的利用率，有效地解决各种复杂零件的编程问题，必须采用自动编程。

（2）自动编程

由计算机完成程序编制中的大部分或全部工作的编程方法，称为自动编程。按照加工信息输入方式的不同，自动编程方法可分为语言编程方法和图形交互式编程方法。

语言编程方法首先采用数控语言编写零件源程序，用它来描述零件图的几何形状、尺寸、几何元素间的相互关系以及加工时的走刀路线、工艺参数；接着由数控语言编程系统对源程序进行翻译、计算；最后经后置处理程序处理后自动输出符合特定数控机床要求的数控加工程序。

随着微型计算机技术和数控编程技术的发展，出现了可以直接将零件的几何图形转化为数控加工程序的图形交互式系统，如美国 CNC Software 公司开发的 MASTER CAM 系统、EDS 公司开发的 UG 系统等，编程员可利用自动编程系统本身的 CAD 功能，以人机对话的方式，很方便地在显示器上勾画出复杂的零件图形，从而完成了编程信息的输入。这种自动编程方法实现了 CAM 与 CAD 的高度结合，因此被纳入 CAD/CAM 技术。

自动编程可以大大减轻编程人员的劳动强度，将编程效率提高几十倍甚至上百倍。同时解决了手工编程无法解决的复杂零件的编程难题。因此，除了少数情况下采用手工编程外，原则上都应采用自动编程。但是手工编程是自动编程的基础，对于数控编程的初学者来说，仍应从学习手工编程入手。

1.1.4 数控编程的步骤

数控机床是按照事先编制好的加工程序，自动地对被加工零件进行加工。使用数控机床加工零件时，程序编制是一项重要的工作。迅速、准确、经济地完成程序编制工作，对于充分发挥数控机床的性能具有决定性意义。一般来说，数控加工程序的编制步骤如图 1-3 所示。

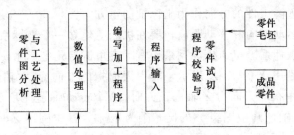

图 1-3 数控编程的步骤

（1）零件图分析与工艺处理

在对零件图进行全面分析的基础上确定加工方案，具体包括零件装夹方法的设计、刀具的选择、走刀路线的设计（如对刀点、换刀点、进给路线）、切削用量的选择（如进给速度、主轴转速、切削深度等），坐标原点的选择等。

（2）数值处理

根据零件图和加工路线计算刀具中心的运动轨迹。对于由直线和圆弧组成的简单零件，可以直接根据图纸上的尺寸标注，计算出轮廓上相邻几何元素的交点或切点坐标值；当零件形状比较复杂时，一般需要借助计算机绘图软件如 AutoCAD 辅助完成数值计算工作。

（3）编写加工程序

根据计算的刀具轨迹坐标值和已确定的切削用量，结合数控系统规定的指令及程序段格式，编写零件加工程序。

（4）程序输入

程序编写好之后要输入到数控装置中，当程序较短且单件试切时，一般通过机床系统面板直接输入；当程序较长或大批量生产时，一般通过读卡器或 U 盘输入，也可使用 RS232 传输接口或通过网线与机床联机输入。

（5）程序校验与零件试切

输入到数控装置中的程序必须经过校验和试切才能正式使用。校验的方法通常是在空运行模式下运行加工程序，通过 CRT 图形显示功能检查刀具轨迹；若机床不具备图形显示功能，当加工平面轮廓零件时，可在机床上用笔代替刀具，用坐标纸代替工件进行绘图检查刀具轨迹；当加工曲面零件时，可用木料或塑料工件进行试切，以便检查刀具轨迹。

检验只能检查刀具轨迹是否正确，不能检验加工精度是否合格。因此，校验后还应进行零件的试切，一方面合理选择切削参数，另一方面对程序进行修改或误差补偿，以便保证零件精度合格。

1.2 数控机床的坐标系

1.2.1 机床坐标系的命名规定

根据 ISO 841 国际标准，我国制定了标准 JB/T 3051—1999《数控机床坐标和运动方向的命名》，对数控机床的坐标轴及运动方向作了明文规定。

标准规定，加工过程中不论是刀具移动还是工件移动，都一律假定刀具相对于静止的工件移动，并且将刀具远离工件的方向作为坐标轴的正方向。

为了确定机床的运动方向和移动距离，要在机床上建立一个坐标系，这个坐标系就是标准坐标系，也叫机床坐标系。机床坐标系采用右手直角笛卡儿坐标系，如图 1-4 所示。坐标系中的 3 个移动轴分别用 X、Y、Z 表示，其中大拇指的方向为 X 轴的正方向，食指的方向为 Y 轴的正方向，中指的方向为 Z 轴的正方向；3 个转动轴分别用 A、B、C 表示，其中围绕 X 的旋转轴为 A 轴，其中围绕 Y 的旋转轴为 B 轴，其中围绕 Z 的旋转轴为 C 轴，A、B、C 的正方向根据右手螺旋方法确定。

一般说来，机床坐标系中 3 个移动坐标轴通常与机床的主要导轨相平行，3 个转动轴通常表示对应工作台的旋转或摆动，如图 1-5 所示。

1.2.2 机床坐标轴的确定

确定机床坐标轴时，一般先确定 Z 轴，再确定 X 轴、Y 轴。

（1）Z 轴的确定

Z 轴是由传递切削力的主轴确定的，与主轴轴线平行的坐标轴即为 Z 轴，并取刀具远离

工件的方向为 Z 轴正方向。例如在立式铣床上钻孔,钻入工件的方向为 Z 轴负方向,退刀方向为 Z 主轴正方向,如图 1-6 所示。对于没有主轴的机床(例如牛头刨床),则取垂直于工件装夹平面的坐标轴为 Z 轴,如图 1-7 所示。如果机床有几个主轴(例如立式镗铣床),则选择其中一个与工件装夹平面垂直的主轴为主要主轴,并以它作为 Z 轴方向,如图 1-8 所示。

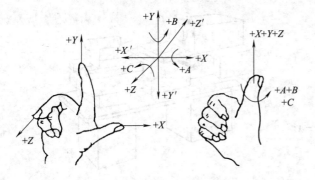

图 1-4 右手笛卡儿坐标系

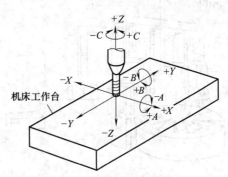

图 1-5 机床坐标系建立

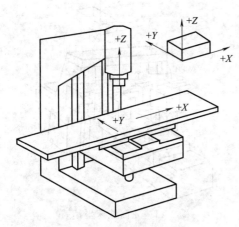

图 1-6 立式铣床坐标系

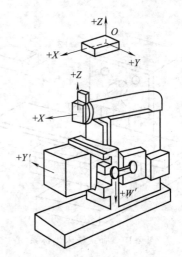

图 1-7 牛头刨床坐标系

(2) X 轴的确定

X 轴位于与工件定位平面相平行的水平面内,且垂直于 Z 轴。对于工件旋转的机床(例如数控车床),则 X 轴在水平面内且垂直于工件旋转轴线,刀具远离工件的方向为 X 轴的正方向,如图 1-9 所示。对于刀具旋转的机床,若主轴是垂直的(例如立式铣床),当从主轴向立柱看时,X 轴的正方向指向右方,如图 1-6 所示。若主轴是水平的(例如卧式铣床),当从主轴向工件看时,X 轴的正方向指向右方,如图 1-10 所示。当面对机床看时,立式铣床与卧式铣床的 X 轴正方向相反。对于无主轴的机床(例如刨床),则选定主要切削方向为 X 轴正方向,如图 1-7 所示。

(3) Y 轴的确定

Y 轴方向可根据已确定的 Z 轴、X 轴方向,用右手直角笛卡儿坐标系来确定。

(4) 回转轴

绕 X 轴回转的坐标轴为 A,绕 Y 轴回转的坐标轴为 B,绕 Z 轴回转的坐标轴为 C,方向采用右手螺旋定则。例如数控车床的回转轴$+C$方向与主轴正转方向$+C'$相反，方向如图 1-9 所示。

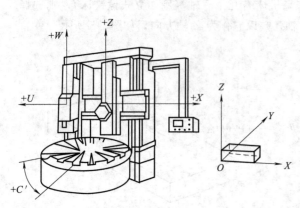

图 1-8 立式镗铣床坐标系

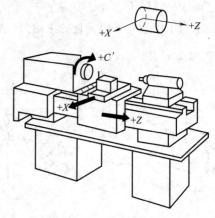

图 1-9 数控车床坐标系

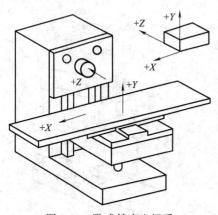

图 1-10 卧式铣床坐标系

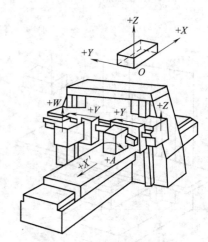

图 1-11 龙门铣床坐标系

(5) 附加坐标轴

如果机床除有 X、Y、Z 主要的直线运动坐标外，还有平行于它们的坐标运动，则应分别命名为 U、V、W，如图 1-11 所示的龙门铣床坐标系。如果还有第 3 组直线运动，则应分别命名为 P、Q、R。

1.2.3 常见数控机床的坐标系设置

(1) 数控车床坐标系

一般来说，简单数控车床的机床坐标系有两个坐标轴，即 X 轴和 Z 轴。两根坐标轴相互垂直，分别表示切削刀具不同方向的运动。其中 Z 轴表示切削刀具的纵向运动，它与车床主轴轴线相平行，且规定从卡盘中心指向尾座顶尖中心的方向为 Z 轴的正方向。X 轴表示切削刀具的横向运动，它位于水平面内且与主轴轴线相垂直，且规定刀具远离主轴旋转中心的方向为 X 轴的正方向。

数控车床按刀架位置的不同分为前置刀架数控车床和后置刀架数控车床，当刀架与操作者位于工件同一侧时为前置刀架，当刀架与操作者分别位于工件两侧时为后置刀架，如图

1-12 所示。一般平床身数控车床大多采用前置刀架，斜床身数控车床大多采用后置刀架。由于刀架位置的不同，机床坐标系也有所差异，如图 1-13 所示。

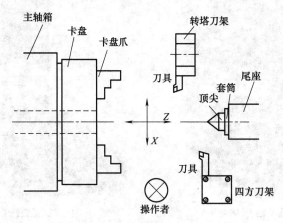

图 1-12　数控车床坐标系

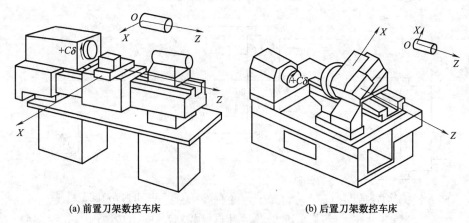

(a) 前置刀架数控车床　　　　　　　　　　(b) 后置刀架数控车床

图 1-13　数控车床坐标系

（2）数控铣床坐标系

一般说来，简单数控铣床的机床坐标系有三个坐标轴，即 X 轴、Y 轴和 Z 轴。其中与机床主轴轴线平行的方向为 Z 轴，且规定远离工件的方向为 Z 轴的正方向。在水平面内与主轴轴线垂直的方向为 X 轴，且规定水平向右的方向为 X 轴的正方向。Y 轴方向根据右手法则来确定。数控铣床分为卧式铣床和立式铣床，具体坐标系如图 1-14 所示。

1.2.4　与坐标系相关的基本概念

（1）机床原点和机床坐标系

机床原点又称为机床零点或机械原点，是由机床制造商在机床上设置的一个固定点，该点是机床制造和调整的基础，也是设置工件坐标系的基础，一般情况下不允许用户进行更改。生产过程中，数控车床的机床原点通常设置在主轴旋转中心线与卡盘后端面的交点处或者刀架正向位移的极限位置处，如图 1-15 所示；数控铣床的机床原点通常设置在 X、Y、Z 三个直线坐标轴的正向极限位置处，如图 1-16 所示。

以机床原点为原点建立的坐标系称为机床坐标。机床坐标系是机床本身固有的一个坐标

(a) 卧式数控铣床　　　　　　　(b) 立式数控铣床

图 1-14　数控铣床坐标系

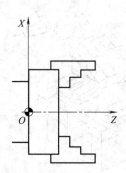
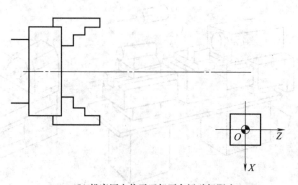

(a) 机床原点位于卡盘中心　　　　　(b) 机床原点位于刀架正向运动极限点

图 1-15　数控车床机床原点位置

系，是由机床厂家通过硬件系统建立起来的，主要用于确定被加工零件在机床中的坐标、机床运动部件的位置以及运动范围等。

（2）机床参考点

机床参考点是机床上相对于机床原点的一个固定点，是由机床制造厂家在每个进给轴上用限位开关精确调整好的，坐标值已输入数控系统中，因此参考点相对机床原点的坐标是一个已知数。通常情况下，数控铣床或加工中心上的机床原点和机床参考点是重合的，

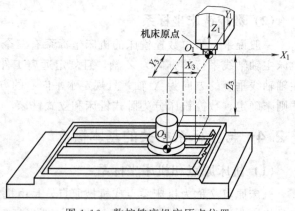

图 1-16　数控铣床机床原点位置

并作为换刀的位置；数控车床上的机床参考点通常位于刀架正向位移的极限点位置处。

数控机床若是采用相对编码器，那么开机后必须先确定机床原点，具体做法是执行回参考点操作，通过参考点当前的位置和系统参数中设定的机床参考点与机床原点间的距离值可

反推出机床原点的位置。如图 1-17 所示，O 为机床原点，O' 为机床参考点，当机床开机执行回参考点操作之后，系统显示屏就显示 ϕa 和 b，其中 b 为参考点与原点间的 Z 向距离参数值，ϕa 为参考点与原点间的 X 向距离参数值。数控机床若采用绝对编码器，那么开机后不需要回参考点就可以进行加工操作。

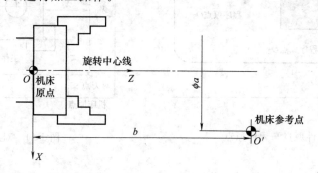

图 1-17 机床参考点与机床原点

（3）工件原点与工件坐标系

在实际生产过程中，为了编程方便，需要根据具体零件图样在工件上建立的一个坐标系，该坐标系称为工件坐标系，也称为编程坐标系。工件坐标系是以机床坐标系为参考通过对刀操作建立的，二者相比，其坐标轴及方向完全相同，只有坐标原点位置不同。

工件坐标系的原点就是工件原点，也称工件零点。工件原点一般选在工件图样的设计基准上，以便减少编程计算的工作量，同时还要注意对刀操作方便。在数控车削加工中，工件原点通常设置在工件左端面中心处或右端面中心处，如图 1-18 所示。在数控铣削加工中，若工件几何形状对称，则工件原点通常设置在上表面的几何中心处；若工件形状非对称，则工件原点通常设置在上表面的某一角点处，如图 1-19 所示。

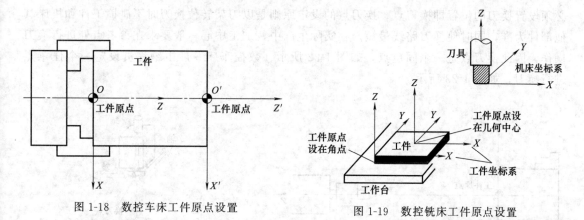

图 1-18 数控车床工件原点设置　　　　　图 1-19 数控铣床工件原点设置

另外为了编程方便，常常在图纸上选择一个适当位置作为程序原点，也叫编程原点或程序零点。对于简单零件，工件原点就是程序零点，这时的编程坐标系就是工件坐标系。对于形状复杂的零件，需要编制几个程序或子程序，为了编程方便和减少许多坐标值的计算，编程零点就不一定设在工件零点上，而设在便于程序编制的位置，如图 1-20 所示。

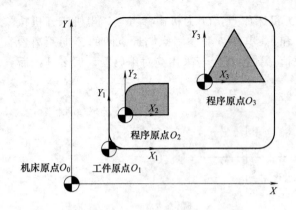

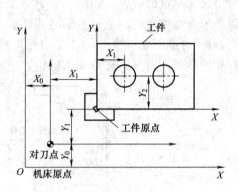

图 1-20　工件原点与程序原点

图 1-21　对刀点

（4）对刀点

在数控加工中，工件可以安装在机床上任意位置处，然而为了正确执行加工程序，必须确定刀具在工件坐标系下开始运动的位置，也就是程序执行时刀具相对于工件运动的起始点，这个位置称为起刀点。由于起刀点一般通过对刀来确定，所以又称为对刀点。对刀点的设置没有严格规定，可以设置在加工零件上，也可以设置在夹具上或机床上，但在编程坐标系中必须有确定的位置，如图 1-21 所示的 X_1 和 Y_1。

在实际加工中，选择对刀点主要考虑找正容易，编程方便，对刀误差小，加工时检查方便、可靠等因素。为了提高零件的加工精度，对刀点则尽量设置在零件的设计基准或工艺基准上，例如零件上孔的中心点或两条相互垂直的轮廓边的交点可以作为对刀点，有时零件上没有合适的部位，可以加工出工艺孔来对刀。

（5）换刀点

对于数控车床、加工中心等多刀数控加工机床，在加工过程中需要进行换刀操作，因此必须设置换刀的位置即换刀点。换刀点的设定原则是以刀架转位换刀时不碰撞工件和机床其他部件为准，同时使换刀路线最短。在实际生产中，加工中心一般要求在参考点处进行换刀操作，因此换刀点是一个固定点，如图 1-22 所示；数控车床一般由编程员设定一个任意点进行换刀，如图 1-23 所示。

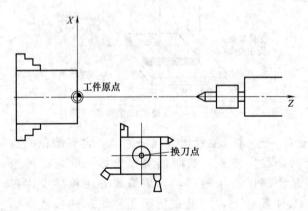

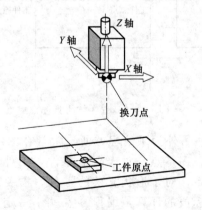

图 1-22　数控车床换刀点

图 1-23　加工中心换刀点

1.3 数控系统的主要功能

1.3.1 准备功能(G功能)

准备功能又称为G功能,它是使机床或数控系统建立起某种加工方式的指令,包括坐标轴的基本移动、平面选择、坐标设定、刀具补偿、固定循环、公英制转换等。准备功能指令用地址G加两位数字组成,简称G代码,ISO标准中规定准备功能有G00至G99共100种,FANUC系统数控车床常见G代码见表1-1,数控铣床常见G代码见表1-2。

G代码分为模态代码和非模态代码两种。模态代码又称为续效代码,是指该G代码在一个程序段中一经指定就一直有效,直到后续的程序段中出现同组的其他G代码时才失效。非模态代码又称为非续效代码,是指只有在写有该代码的程序段中有效,下一程序段需要时必须重写。表1-1中和表1-2中的符号"▲"表示非模态代码,"★"表示开机默认代码。

表 1-1 FANUC 0i TC 准备功能代码

G代码	组	功能	G代码	组	功能
★G00	01	快速点定位	G56	14	选择工件坐标系3
G01		直线插补	G57		选择工件坐标系4
G02		圆弧插补(CW,顺时针)	G58		选择工件坐标系5
G03		圆弧插补(CCW,逆时针)	G59		选择工件坐标系6
▲G04	00	暂停	G70	00	精加工循环
G18	16	XZ平面选择	G71		内外圆粗车循环
G20	06	英制输入	G72		端面粗车循环
★G21		公制输入	G73		仿形粗车循环
▲G27	00	参考点返回检查	G74		端面切槽循环
▲G28		参考点返回	G75		外圆/内孔切槽循环
▲G30		回到第二参考点	G76		螺纹切削复合循环
G32	01	螺纹切削	G90	01	内外圆切削循环
★G40	07	取消刀尖半径补偿	G92		螺纹切削循环
G41		刀尖半径左补偿	G94		端面切削循环
G42		刀尖半径右补偿	G96	02	恒线速度控制
G50	00	坐标系设定/最高转速设定	★G97		恒线速度控制取消
★G54	14	选择工件坐标系1	G98	05	每分钟进给
G55		选择工件坐标系2	★G99		每转进给

1.3.2 辅助功能(M功能)

辅助功能又称为M功能,是用来控制机床或系统开关功能的一种命令。辅助功能包括程序的停止或暂停、主轴的正反转或停转、冷却液的开关、换刀等。M功能由地址码M加两位数字组成。常见的辅助功能指令见表1-3。

表 1-2　FANUC 0i MC 准备功能代码

G 代码	组	功　　能	G 代码	组	功　　能
★G00	01	快速定位	▲G65	00	宏程序调用
G01		直线插补	G66	12	宏程序模态调用
G02		圆弧/螺旋线插补 CW	★G67		宏程序模态调用取消
G03		圆弧/螺旋线插补 CCW	G68	16	坐标旋转
▲G04	00	暂停	★G69		坐标旋转取消
G15	17	极坐标指令取消	▲G73	09	深孔钻削循环
G16		极坐标指令	▲G74		左旋螺纹加工循环
★G17	02	选择 XY 平面	▲G76		精镗孔循环
G18		选择 XZ 平面	★G80		固定循环取消
G19		选择 YZ 平面	G81		钻孔、锪镗孔循环
G20	06	英制输入	G82		钻孔循环
★G21		公制输入	G83		深孔钻削循环
▲G27	00	机床返回参考点检查	G84		右旋螺纹加工循环
▲G28		机床返回参考点	G85		镗孔循环
▲G29		从参考点返回	G86		镗孔循环
▲G30		返回第 2、3、4 参考点	G87		背镗孔循环
★G40	07	取消刀具半径补偿	G88		镗孔循环
G41		刀具半径左补偿	G89		镗孔循环
G42		刀具半径右补偿	★G90	03	绝对值编程
G43	08	正向刀具长度补偿	G91		增量值编程
G44		负向刀具长度补偿	G92	00	设定工件坐标系
★G49		刀具长度补偿取消	G92.1		工件坐标系预置
★G50	11	比例缩放取消	★G94	05	每分进给
G51		比例缩放有效	G95		每转进给
G50.1	22	可编程镜像取消	G96	13	恒定线速度
★G51.1		可编程镜像有效	★G97		恒定角速度
▲G52	00	局部坐标系设定	★G98	10	固定循环返回到初始点
▲G53		选择机床坐标系	G99		固定循环返回到 R 点
★G54	14	选择工件坐标系 1			
G55		选择工件坐标系 2			
G56		选择工件坐标系 3			
G57		选择工件坐标系 4			
G58		选择工件坐标系 5			
G59		选择工件坐标系 6			

1.3.3　进给功能(F 功能)

进给功能也称为 F 功能或 F 指令，用来指定刀具相对于工件的进给速度，加工螺纹时指螺纹导程。F 指令由地址码 F 和数字组成,其中数字表示进给速度的大小。进给速度分为每分钟进给(mm/min)和每转进给(mm/r)两种形式,如图 1-24 所示。

表 1-3 辅助功能 M 指令

代码	功能类别	功能	代码	功能类别	功能
M00	表示程序停止或暂停的功能指令	程序暂停	M10	液压卡盘张开与卡紧的功能指令	液压卡盘张开
M01		程序选择停止	M11		液压卡盘卡紧
M02		程序结束,光标不复位	M40	主轴挡位选择的功能指令	主轴空挡
M30		程序结束,光标复位	M41		主轴 1 挡
M03	表示主轴转向或停止的功能指令	主轴正转	M42		主轴 2 挡
M04		主轴反转	M43		主轴 3 挡
M05		主轴停转	M44		主轴 4 挡
M06	换刀指令	加工中心换刀	M98	子程序功能指令	子程序调用
M08	启动与关闭冷却液的功能指令	打开冷却液	M99		子程序结束
M09		关闭冷却液			

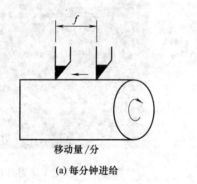
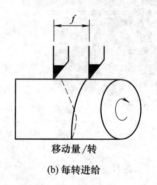

(a) 每分钟进给　　　　　(b) 每转进给

图 1-24 进给速度

数控车床用 G98 和 G99 指令来设置进给速度单位,G98 表示每分钟进给,G99 表示每转进给,一般常选择每转进给形式,例如 G99 F0.3 表示进给速度为 0.3mm/r。数控铣床由 G94 和 G95 指令来设置进给速度单位,G94 表示每分钟进给,G95 表示每转进给,一般常选择每分钟进给形式,如 G94 F200 表示进给速度为 200mm/min。

另外,实际加工的进给速度还可以利用机床操作面板上的"进给倍率"旋钮进行调整,若编程指定进给速度为 150mm/min,进给倍率旋钮旋至 60% 位置,则实际进给速度为 90mm/min。

1.3.4 主轴速度功能(S 功能)

主轴速度功能也称为 S 功能或 S 指令,用来指定主轴的速度。S 功能由地址码 S 和数字组成,其中数字表示主轴转速的大小。主轴速度分为恒线速切削(m/min)和恒转速切削(r/min)两种形式,数控车床和数控铣床大多采用恒转速切削形式,用 G97 指令来设置,例如 G97 S800 表示主轴转速为 800r/min。

在数控车床上切削端面或锥面时,为了保证表面粗糙度一致,有时采用恒线速切削,用 G96 指令用设置,例如 G96 S120 表示主轴速度为 120m/min。需要说明的是,当用 G96 指令进行恒线速切削时，由于工件直径的变化会导致主轴转速变化。为避免主轴转速过高，需要指令 G50 和 G96 配合，即调用 G96 指令之前，先用 G50 指令给机床主轴设置一个最高转速，若主轴转速超过 G50 指定的速度，则被限制在最高速度而不再升高。

另外，主轴的实际转速还可利用机床操作面板上的"主轴倍率"旋钮进行调节，编程时总是假定此倍率开关指在 100% 的位置。

1.3.5 刀具功能(T功能)

刀具功能也称为 T 功能或 T 指令，用来选择加工所需的刀具。数控车床 T 功能由地址符 T 加四位或两位数字组成，其中前两位或前一位数字表示刀具在刀架上的位置号，如图 1-25 所示；后两位或后一位数字表示刀具的补偿号，如图 1-26 所示。例如 T0303 或 T33 表示选择 3 号刀具和 3 号补偿值。

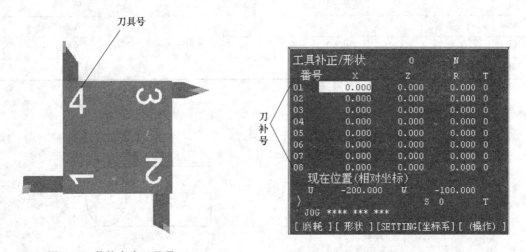

图 1-25　数控车床刀具号　　　　　　　　图 1-26　数控车床刀具补偿号

加工中心 T 功能由地址符 T 加两位数字组成，其中数字表示刀具在刀库上的位置号，如图 1-27 所示，换刀功能用 M06 指令实现。例如 T03 M06 表示将刀库 3 号位置上的刀具装到主轴上。需要说明的是，换刀时要避免发生碰撞，因此许多机床要求在参考点位置换刀。

图 1-27　加工中心刀具号

1.4 数控程序的组成与结构

1.4.1 数控程序编制的标准

数控加工程序中所用的各种代码，如坐标值、准备功能指令、辅助功能指令、刀具功能指令等以及程序段格式都有一系列的国际标准，我国也参照相关国际标准制定了相应的国家标准。统一的标准极大地方便了数控系统的研制、数控机床的设计、使用和推广。但是在编程的许多细节方面，由于各国厂家生产的数控机床并不完全相同，因此编程时必须参考具体机床编程手册进行，这样所编制的程序才能被机床的数控系统所接受。

数控程序编制标准有 EIA（美国电子工业协会）制定的 EIA RS-244 和 ISO（国际标准化协会）制定的 ISO-RS840 两种。由于 ISO 代码具有信息量大、可靠性高等优点，因此国际上大都采用 ISO 代码。由于 EIA 代码发展较早，已有的数控机床中有一些是应用 EIA 代码的，现在我国规定新产品一律采用 ISO 代码。

1.4.2 数控程序的组成结构

一个完整数控加工程序由程序号、程序内容和程序结束语句三部分组成。如：

```
09999；                    程序号
NOO10 G92 X100 Z50；
N0020 S800 M03；
N0030 G00 X40 Z0；……        程序内容
N0120 M05；
N0130 M02；                程序结束
```

（1）程序号

程序号位于程序主体之前，是程序的开始部分，一般独占一行。为了区别存储器中的程序，每个程序都要有程序号。程序号一般由规定的字母"O"、"P"或符号"％"开头，后面紧跟若干位数字组成。例如 FANUC 系统规定程序号由字母"O"加上四位数字组成，数字范围为 0001～9999，例如 O1234；需要说明的是数字前面的零可以省略，例如 O0016 可以写成 O16。

（2）程序内容

程序内容部分是整个程序的核心部分，是由若干程序段组成。程序段是其中的一条语句，由程序段号、地址、数字、符号等组成。一个程序段表示零件的一段加工信息，若干个程序段的集合，则完整地描述了一个零件加工的所有信息。

（3）程序结束

程序以指令 M02 或 M30 来结尾，用以停止主轴、冷却液和进给，并使控制系统复位。M02 和 M30 允许与其他程序字合用一个程序段，但最好还是将其单列一段。M02 和 M30 的区别在于，用 M02 结束程序时，自动运行结束后光标停在程序结束处，即光标不能复位；用 M30 结束程序时，自动运行结束后光标和屏幕显示能自动返回到程序开头处，一按启动钮就可以再次运行程序，即光标能够复位。

1.4.3 程序段格式

所谓程序段，就是为了完成某一动作要求所需的程序字组合，程序段中的每个"字"都表示一定功能，它是由地址符（英文字母）和数字组成。例如程序段"G01X60Y60F30"由四个字组成，其中 G01 表示直线插补，X60 表示 X 轴的坐标，Y60 表示 Y 轴的坐标，F30表示进给速度。

程序段格式是指"字"在程序段中的顺序及书写方式的规定。不同的数控系统，程序段格式一般不同。程序段格式有多种，如固定程序段格式、使用分隔符的程序段格式、使用地址符的程序段格式等，现在最常用的是使用地址符的程序段格式，见表1-4。

表 1-4　程序段格式

1	2	3	4	5	6	7	8	9	10	11
N_	G_	X_ U_	Y_ V_	Z_ W_	I_J_K_ R_	F_	S_	T_	M_	LF_
顺序号	准备功能	坐标尺寸字				进给功能	主轴转速	刀具功能	辅助功能	结束符号

使用地址符的程序段格式中，由于字的数目是可变的，因此程序段的长度也是可变的，所以这种形式的程序段又称为地址符可变程序段格式。地址符可变程序段格式的优点是程序段中所包含的信息可读性高，便于人工编辑修改，为数控系统解释执行数控加工程序提供了一种便捷的方式。

1.4.4 常用的程序字

程序字简称字，字首为一个英文字母，它称为字的地址，随后为若干位十进制数字。字的功能类别由字地址决定。根据功能的不同，程序字可分为顺序号字、准备功能字、辅助功能字、尺寸字、进给功能字、主轴转速和刀具功能字。常用程序字的含义如表 1-5 所示。

表 1-5　常用的程序字

功　能		地址符	含　义
程序号		O	程序号
顺序号字		N	表示程序段的代号
准备功能字		G	指令机床的工作方式
辅助功能字		M	指令机床的开/关等辅助动作
尺寸字		X,Y,Z	指令 X,Y,Z 轴的绝对坐标值
		U,V,W	指令 X,Y,Z 轴的增量坐标值
		A,B,C	指令 X,Y,Z 轴的旋转坐标值
		I,J,K	指令圆弧中心坐标值
		R	指令圆弧半径值
进给功能字		F	指令刀具每分钟进给速度或每转进给速度
主轴转速功能字		S	指令主轴的转速
刀具功能字		T	指令刀具的刀具号和补偿值
其他字	偏移号	H 或 D	指令刀具补偿值
	重复次数	L	指令固定循环和子程序的执行次数
	参数值	R,Q	指令固定循环中的设定距离
	暂停时间	P,X	指令暂停时间

(1) 顺序号字

顺序号字也称程序段序号，用来识别不同的程序段。顺序号字位于程序段之首，它由地址符 N 和随后的 2～4 位数字组成（如 N20）。

程序段在存储器内是以输入的先后顺序排列的，数控系统严格按存储器内程序段的排列顺序一段一段地执行。因此，顺序号只是程序段的名称，与程序的执行顺序无关。

顺序号的使用规则有：一般不用 N0 作顺序号；数字部分应用整数；N 与数字之间、数字与数字之间不能有空格；顺序号的数字不一定要从小到大使用。

顺序号不是程序段的必用字，对于整个程序，可以每个程序段都设顺序号，也可在部分程序段设顺序号，也可不设顺序号；建议以 N10 开始，以间隔 10 递增，以便调试时插入新的程序段。

(2) 准备功能字

准备功能字的地址符是 G，它的作用是建立数控机床工作方式，为数控系统的插补运算、刀补运算、固定循环等做好准备。G 指令中的数字一般是两位正整数（包括 00），但是随着数控系统功能的增加，G00～G99 已不够使用，所以有些数控系统的 G 功能字中的后续数字已采用 3 位数。FANUC 系统数控车床常见 G 代码见表 1-1，数控铣床常见 G 代码见表 1-2。

需要说明的是不同组的 G 指令，在同一程序段中可指定多个，例如 G54 G90 G94 G17 G21；如果在同一程序段中指定了两个或两个以上同组的模态指令，则只有最后指定的 G 指令有效；如果在程序中指定了 G 指令表中没有列出的 G 指令，则系统显示报警。

(3) 辅助功能字

辅助功能字的地址符是 M，它的作用是控制机床在加工时做一些辅助动作，如主轴的正反转、切削液的开关等。辅助功能字由地址符 M 和其后的两位数字组成，常见的辅助功能指令见表 1-3。

需要说明的是有的数控系统规定一个程序段中只能指定一个 M 指令，如果指定一个以上 M 指令，则最后一个有效。

(4) 尺寸字

尺寸字常用来指定机床的刀具运动到达的坐标位置。常用的地址符有如下 3 组。

第 1 组：X，Y，Z 和 U，V，W（用来指定到达点的直线绝对坐标和增量坐标）。

第 2 组：A，B，C（用来指定到达点的角度坐标）。

第 3 组：I，J，K 和 R（用来指定零件圆弧的圆心点坐标和圆弧半径）。

(5) 其他功能字

进给功能字 F、主轴转速功能字 S、刀具功能字 T 在前面已经介绍。H 功能字由地址符 H 和其后的两位数字组成，用于数控铣加工中调用刀具长度补偿值。D 功能字由地址符 D 和其后的两位数字组成，用于数控加工中调用刀具半径补偿值。L 功能字由地址符 L 和其后的数字组成，用于指定子程序的执行次数。R，Q，P，X 功能字将在后面的具体指令中分别介绍。

1.5　数控机床的编程规则

1.5.1　绝对编程和增量编程

(1) 数控车床编程

数控车床编程时，既可以采用绝对值编程，也可以采用相对值编程，还可以采用混合编程。绝对值编程是根据预先设定的编程原点计算出绝对值坐标尺寸进行编程的一种方法。即采用绝对值编程时，首先要指出编程原点的位置，并用地址 X，Z 进行编程（X 为直径值）。如图 1-28 所示，刀具由 A 点移动到 B 点，用绝对坐标表示 B 点的坐标为（$X30.0$，$Z70.0$）。

增量坐标编程是根据与前一个位置的坐标值增量来表示目标位置的一种编程方法，即程序中的终点坐标是相对于起点坐标而言的。采用增量坐标编程时，用地址 U，W 代替 X，Z 进行编程。U，W 的正负方向由行程方向确定，行程方向与机床坐标方向相同时为正；反之为负。如图 1-29 所示，刀具由 A 点移动到 B 点，用增量坐标表示 B 点的坐标为（$U-30.0$，$W-40.0$）。

绝对值编程与相对值编程混合起来进行编程的方法叫混合编程。如图 1-29 所示，刀具由 A 点移动到 B 点，用混合坐标表示 B 点的坐标为（$X30.0$，$W-40.0$）。

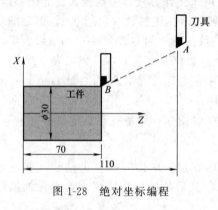

图 1-28　绝对坐标编程

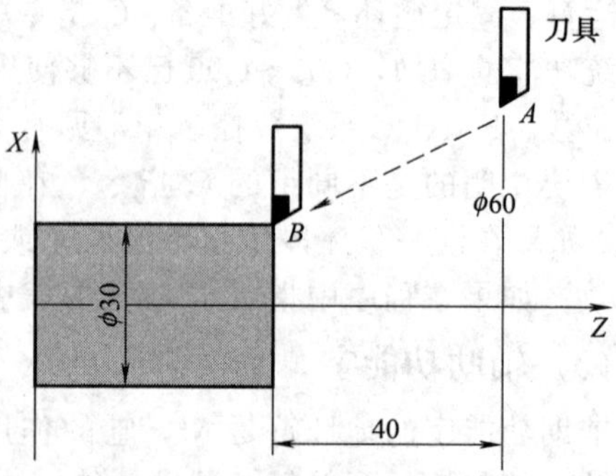

图 1-29　相对坐标编程

（2）数控铣床和加工中心编程

绝对值编程是根据预先设定的编程原点计算出绝对值坐标尺寸进行编程的一种方法，即采用绝对值编程时，所有编入的坐标值全部以编程零点为基准。绝对值编程用 G90 指令来指定，系统通电时，机床默认状态为 G90。

增量值编程是根据与前一个位置的坐标值增量来表示位置的一种编程方法，即采用增量坐标编程时，所有编入的坐标值均以前一个坐标位置作为起始点来计算运动的位置矢量。增量值编程用 G91 指令来指定。

例如图 1-30 所示零件，刀具沿着 O-A-B-C-D-E 的轨迹进行运动，分别用绝对坐标和相对坐标两种方式表示各点的坐标，见表 1-6。

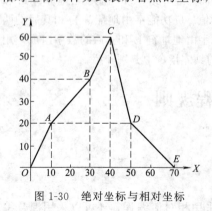

图 1-30　绝对坐标与相对坐标

表 1-6　各点坐标值

点	绝对坐标		相对坐标	
	X 坐标	Y 坐标	X 坐标	Y 坐标
O	0	0	—	—
A	10	20	10	20
B	30	40	20	20
C	40	60	10	20
D	50	20	10	−40
E	70	0	20	−20

1.5.2　直径编程和半径编程

数控车床主要适合于加工轴类、盘类等回转体零件，编程时可以采用直径编程方法，也可以采用半径编程方法。由于零件截面基本上为圆形且径向尺寸都是以直径表示，因此采用直径编程更简单、直观。数控车床出厂时均设定为直径编程，如需用半径编程则需要更改系统中的相关参数，使系统处于半径编程状态。

当采用绝对值编程时，径向尺寸 X 以直径表示；当采用增量坐标编程时，以径向实际位移量的 2 倍来表示，并附上方向符号（正号可以省略）。例如："G00 U5.0"表示执行完该程序语句后，刀具 X 向的移动量为 2.5mm，移动方向为 X 的正向。

1.5.3　公制编程与英制编程

在实际加工过程中，图纸尺寸的标注通常分为公制和英制两种不同形式，其中公制的单位是毫米（mm），英制的单位是英寸（in），二者之间的换算关系为 1 英寸等于 25.4 毫米。

编程时为了避免各尺寸的公英制单位换算，多数系统都具有坐标单位设置的功能字，其中 FANUC 系统采用 G21 指令设置公制单位，用 G20 指令选择设置英制单位，这样编程时只需按照图纸上的尺寸标注直接编程即可。

1.5.4　极坐标编程

在数控铣削加工平面零件时，为了表示平面内某一点的具体位置，除了采用直角坐标来描述外，还可以采用极坐标来描述。例如图 1-31 所示，在平面内取一个定点 O 称作极点，由 O 点引一条射线 OX 称为极轴，再选定一个长度单位和角度的正方向（通常取逆时针方向），这样就建立了极坐标系。对于平面内任何一点 M，连接 OM 后，用 R 表示线段 OM 的长度即称为极径，用 Y 表示从 OX 到 OM 的角度即称为极角，这样有序数对（R，Y）就叫点 M 的极坐标。

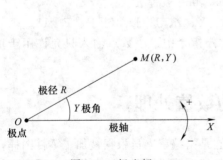

图 1-31　极坐标

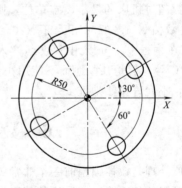

图 1-32　圆周分布孔系零件

极坐标在实际加工中应用非常广泛，生产过程中常会遇到呈圆周分布的孔类零件（图 1-32）或用半径和角度形式标注的零件（图 1-33），这时采用极坐标描述各点的位置，不仅大大减少数值计算工作量，而且还可以提高各点的位置精度。

编程时用 G16 指令调用极坐标，用 G15 指令取消极坐标。程序调用极坐标后，X 坐标即表示极径，Y 坐标即表示极角。例如针对图 1-33 所示的六边形零件，表 1-7 分别列出了各顶点的直角坐标和极坐标。

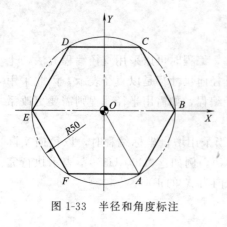

图 1-33　半径和角度标注

表 1-7　六边形各顶点坐标值

点	直角坐标		极坐标	
	X 坐标	Y 坐标	X 坐标	Y 坐标
A	25	−43.301	50	−60
B	50	0	50	0
C	25	43.301	50	60
D	−25	43.301	50	120
E	−50	0	50	180
F	−25	−43.301	50	240

1.5.5　小数点编程

FANUC 数控系统的早期产品以及部分国产数控系统，编程时要求使用小数点输入数值，而目前绝大多数系统编程时都可以省略小数点。在要求小数点编程的数控系统中，小数点可用于距离、时间和度等单位。

① 对于距离，小数点数值的单位是 mm 或 in；对于时间，小数点数值的单位是 s（秒）。例如：X35.0 表示 X 坐标为 35mm 或 35in；G04 X2.0 表示暂停时间为 2s。

② 对于不可省略小数点的数控系统，当使用小数点进行编程时，数字以毫米或英寸为单位；而当不用小数点编程时，数字则以机床的最小输入单位即脉冲当量为单位。例如：若机床的脉冲当量为 0.001mm，X50.0 表示 X 坐标为 50mm，X50 则表示 X 坐标为 50 个脉冲当量即 0.05mm。

③ 数控系统发出一个脉冲指令后，机床上的工件或刀具实际移动的位移量称为机床的最小设定单位，又称最小指令增量或脉冲当量，一般为 0.01～0.0001mm。若编程数值的小数点位数超过机床的最小设定单位，则后面的数值因无效将被舍去。例如机床的脉冲当量为 0.001，数值 X20.23456 相当于 X20.234，后面的 0.00056 被舍去。

④ 在编程中，可以用小数点输入的地址有 X、Y、Z、I、J、K、R、F、U、V、W、A、B、C 等，但是某些地址不能用小数点。例如暂停指令中，小数点输入只允许用于地址 X 和 U，不允许用于地址 P。

1.6　数控编程的数值处理

数值处理是数控编程前一个非常关键的环节，它是指编程人员根据被加工零件图样，按照已经确定的加工路线和允许的编程误差，计算出数控系统所需要各个数据的过程。数值处理主要包括以下内容。

1.6.1　基点坐标的计算

（1）基点的定义

零件轮廓通常是由许多不同的几何元素组成，例如直线、圆弧、二次曲线及列表点曲线等。各几何元素间的联结点称为基点，例如直线与直线的交点、直线与圆弧的切点等，图 1-34 中的 A、B、C、D、E、F 点都是该零件轮廓上的基点。数控加工中，基点可以直接作为刀具运动轨迹的起点和终点，是编制程序的重要数据参数。

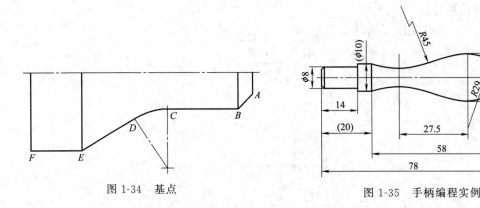

图 1-34 基点

图 1-35 手柄编程实例

基点坐标计算是指根据加工程序段的要求，计算每条运动轨迹的起点和终点在工件坐标系中的坐标值以及圆弧运动轨迹的圆心坐标值。基点坐标的计算方法比较简单，通常是根据零件图样上给定的尺寸，运用代数计算、三角函数、几何作图或解析几何的有关知识，直接计算出数值。但是，近年来利用 AutoCAD 或 CAXA 电子图版等绘图软件辅助计算基点坐标的方法日益应用广泛，首先在软件中绘制出零件轮廓，然后通过坐标查询功能直接获得基点坐标，该方法一方面可以大大减少计算工作量，另一方面也可以提高计算的准确性。

（2）数控车编程基点坐标计算实例

车削如图 1-35 所示的手柄，试计算各基点的坐标数值。此手柄由半径为 $R3\text{mm}$，$R29\text{mm}$，$R45\text{mm}$ 三个圆弧光滑连接而成，工件原点位于工件右端面的中心处，现利用几何法计算基点 A、B、C 的坐标值，如图 1-36 所示。

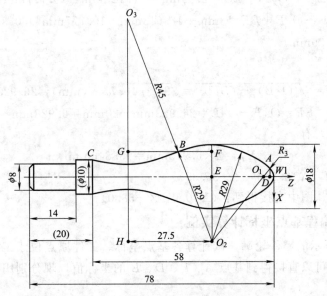

图 1-36 手柄零件基点坐标计算

在 $\triangle O_1 E O_2$ 中

已知：$O_2 E = 29\text{mm} - 9\text{mm} = 20\text{mm}$

$O_1 O_2 = 29\text{mm} - 3\text{mm} = 26\text{mm}$

$$O_1E=\sqrt{(O_1O_2)^2-(O_2E)^2}=\sqrt{26^2-20^2}\,(\text{mm})=16.613\text{mm}$$

A 点坐标值的计算：

因 $\triangle ADO_1 \sim \triangle O_1EO_2$，则有

$$\frac{AD}{O_2E}=\frac{O_1A}{O_1O_2}$$

$$AD=O_2E\times\frac{O_1A}{O_1O_2}=20\text{mm}\times\frac{3}{26}=2.308\text{mm}$$

$$X_A=2\times2.308\text{mm}=4.616\text{mm}（直径编程）$$

$$\frac{O_1D}{O_1E}=\frac{O_1A}{O_1O_2}$$

$$O_1D=O_1E\times\frac{O_1A}{O_1O_2}=16.613\text{mm}\times\frac{3}{26}=1.917\text{mm}$$

$$DW_1=O_1W_1-O_1D=3\text{mm}-1.917\text{mm}=1.803\text{mm}$$

$$Z_A=-1.803\text{mm}$$

得 A 的坐标值（$X4.616$，$Z-1.803$）

B 点坐标值的计算：

因 $\triangle O_2HO_3 \sim \triangle BGO_3$，则有

$$\frac{BG}{O_2H}=\frac{O_3B}{O_3O_2}$$

$$BG=O_2H\times\frac{O_3B}{O_3O_2}=27.5\text{mm}\times\frac{45\text{mm}}{(45+29)\text{mm}}=16.723\text{mm}$$

$$BF=O_2H-BG=27.5\text{mm}-16.723\text{mm}=10.777\text{mm}$$

$$W_1O_1+O_1E+BF=3\text{mm}+16.613\text{mm}+10.777\text{mm}=30.39\text{mm}$$

则 $Z_B=-30.39\text{mm}$

在 $\triangle O_2FB$ 中

$$O_2F=\sqrt{(O_2B)^2-(BF)^2}=\sqrt{29^2-10.777^2}\,(\text{mm})=26.923\text{mm}$$

$$EF=O_2F-O_2E=26.923\text{mm}-20\text{mm}=6.923\text{mm}$$

因是直径编程，有

$$X_B=2\times6.923\text{mm}=13.846\text{mm}$$

得 B 的坐标值（$X13.846$，$Z-30.39$）

C 点坐标值可从图中直接得到：（$X10.0$，$Z-58.0$），

(3) 数控铣编程基点坐标计算实例

铣削图 1-37 所示的零件轮廓，试计算各基点坐标。工件原点位于工件左下角 A 点处，从图示的尺寸标注可以直接得到基点 A、B、D、E 的坐标值，现分别用解析法计算基点 C 的坐标值。

过 C 点作 X 轴的垂线与过 O_1 点作 Y 轴的垂线相交于 G 点。

根据图 1-36 中各坐标位置关系可知

$$\begin{cases}\Delta x=x_1-x_B=80-0=80\\\Delta y=y_1-y_B=26-12=14\end{cases}$$

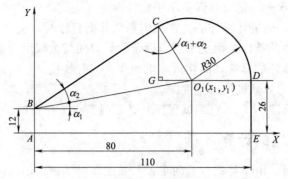

图 1-37 零件轮廓基点坐标计算

则 $\begin{cases} \alpha_1 = \arctan\left(\dfrac{\Delta y}{\Delta x}\right) = 9.92625° \\ \alpha_2 = \arcsin\left(\dfrac{R}{\sqrt{\Delta x + \Delta y}}\right) = 21.67778° \end{cases}$ 用 k 表示 $\overline{BC}$ 直线的斜率

$$k = \tan(\alpha_1 + \alpha_2) = 0.6153$$

该直线对 Y 轴的截距 $b = 12$，圆心为 O_1 的圆方程与直线 $\overline{BC}$ 的方程联立求解

$$\begin{cases} (x-80)^2 + (y-26)^2 = 30^2 \\ y = 0.6153x + 12 \end{cases}$$

$$A = 1 + k^2 = 1.3786$$

$$B = 2[k(b-y_1) - x_1] = 2[0.615 \times (12-26) - 80] = -177.22$$

$$x_C = \frac{-B}{2A} = \frac{-(-177.22)}{2 \times 1.3786} = 64.276$$

$$y_C = kx_C + b = 0.6153 \times 64.276 + 12 = 51.549$$

1.6.2 节点坐标的计算

（1）节点的定义

当采用不具备非圆曲线插补功能的数控机床加工非圆曲线轮廓的零件时，在加工程序的编制工作中，常常需要用直线或圆弧去近似代替非圆曲线，称为拟合处理。拟合线段的交点或切点就称为节点，例如图 1-38 所示的 B_1、B_2、B_3、B_4 等点即为直线拟合非圆曲线时的节点。

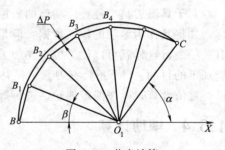

图 1-38 节点计算

节点坐标的计算方法很多，当用直线段逼近非圆曲线，常用的节点计算方法有等间距法、等程序段法、等误差法和伸缩步长法；当用圆弧段逼近非圆曲线，常用的节点计算方法有曲率圆法、三点圆法、相切圆法和双圆弧法。

（2）节点坐标的计算

节点坐标计算过程比较复杂，大多数情况下靠手工处理已经无法实现，必须借助计算机作辅助处理来完成，其步骤如下。

① 选择插补方式，确定采用直线段逼近非圆曲线，还是采用圆弧段或抛物线等二次曲线逼近非圆曲线。

② 确定编程允许误差，使拟合误差小于允许误差。

③ 选择数学模型，确定计算方法。在决定采取什么算法时，主要应考虑的因素有两条，其一是尽可能按等误差的条件，确定节点坐标位置，以便最大限度地减少程序段的数目；其二是尽可能寻找一种简便的算法，简化计算机编程，省时快捷。

④ 根据算法，画出计算机处理流程图。

⑤ 用高级语言编写程序，上机调试程序，并获得节点坐标数据。

1.6.3 刀位点轨迹的计算

在进行数控编程时，由于每把刀具的半径、长度等尺寸都是不同的，因此当刀具装在机床上后，为控制刀具在系统中的基本位置，将整个刀具浓缩视为一个点来表示，即"刀位点"。"刀位点"是刀具的定位基准点，是在刀具上用于表现刀具位置的参照点。一般来说，圆柱铣刀的刀位点是刀具中心线与刀具底面的交点；球头铣刀的刀位点是球头的球心点或球头顶点；车刀的刀位点是刀尖或刀尖圆弧中心；钻头的刀位点是钻头顶点，如图1-39所示。

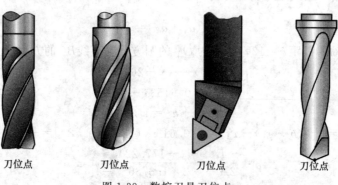

图 1-39　数控刀具刀位点

对于具有刀具半径补偿功能的数控机床，可按照零件轮廓形状直接计算各基点和节点坐标，并将其作为编程的输入数据。但是编程时，需要在程序的适当位置写入建立刀具补偿的有关指令，这样就可以使刀位点在加工过程中按一定的规则自动偏离编程轨迹，从而达到正确加工的目的。对于不具有刀具半径补偿功能的数控机床，编程时需要对刀具的刀位点轨迹进行数值计算，即按照零件轮廓进行等距编程。

1.6.4 辅助计算

在手工编程的数学处理中，辅助程序段的数值计算也非常重要。辅助程序段主要包括切入段和切出段，即刀具从对刀点到切入点或从切出点返回到对刀点而特意安排的程序段。切入点位置的选择应依据零件加工余量而定，适当离开工件一段距离。切出点位置的选择应避免刀具在快速返回时发生撞刀。另外，当使用刀具半径补偿功能时，还应考虑建立补偿和取消补偿的程序段。

习　题

1. 简述数控加工的工作过程。

2. 什么叫数控编程？数控编程的方法有哪些？

3. 在数控机床坐标系中，机床坐标轴方向和方位是怎样确定的？

4. 什么是机床坐标系？什么是工件坐标系？二者之间有何关系？

5. 什么是对刀点？什么是换刀点？什么是刀位点？

6. 什么是模态指令？什么是非模态指令？

7. 数控加工程序由哪几个部分组成？程序段的格式是怎样的？

8. 简述数控机床的编程规则。

9. 什么叫基点？什么叫节点？

10. 数控编程中的数学处理主要包括哪些内容？

11. 指出图 1-40 所示各数控机床的坐标系情况。

(a) 平床身数控车床

(b) 斜床身数控车床

（c）立式数控铣床

（d）卧式数控铣床

图 1-40 数控机床

12. 数控车削加工图 1-41 所示零件，工件坐标系原点设置在工件右端面的中心处，试计算图中 A、B、C、D、E、F、G、H 基点的坐标。

13. 数控铣削加工图 1-42 所示零件，工件坐标系原点设置在工件上表面的中心处，试使用极坐标计算图中五角星轮廓各基点的坐标，使用直角坐标计算方台轮廓各基点的坐标。

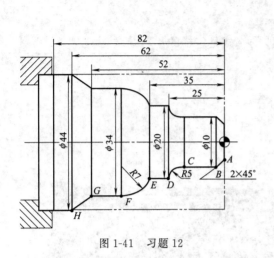

图 1-41　习题 12

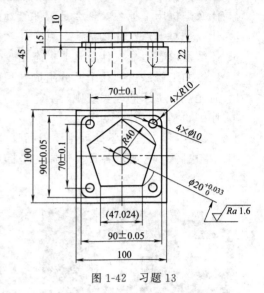

图 1-42　习题 13

第2章

数控车床编程

数控车削是生产过程中应用非常广泛的一种加工方式，主要用于轴类、套类、盘类等回转体零件的加工。与传统车床相比，数控车床的主轴转速更高、进给速度更快、加工范围更广、操作使用更加方便，特别适合于车削精度要求高、表面粗糙度好、轮廓形状复杂、带一些特殊类型螺纹的回转体零件。由于数控车床所配置的数控系统不同，从而导致编程指令有所区别，下面主要针对于生产过程中常见的 FANUC 系统、SIEMENS 系统介绍数控车床的编程指令。

2.1 FANUC 系统数控车编程指令

2.1.1 坐标系设定指令

数控车床加工零件时，数控系统是按照刀具在机床坐标系中的坐标值来执行刀具轨迹的，而编程者是按照刀具在工件坐标系中的坐标值来编制刀具轨迹的，为了实现两者之间的统一，加工之前必须先建立工件坐标系。建立工件坐标系的实质就是通过对刀操作（具体方法见后面的章节内容），确定工件原点和机床原点之间的位置关系，即找到工件原点在机床坐标系中的坐标值后进行存储（如图 2-1 所示的数值 A 和 B），然后编程时直接调用即可。建立工件坐标系通常有如下三种方法。

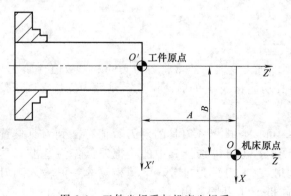

图 2-1　工件坐标系与机床坐标系

2.1.1.1　设定工件坐标系指令 G54～G59

（1）指令格式

G54（G55～G59）；

将对刀数值输入到机床中，编程时用存储位置对应的 G54～G59 指令调用即可，例如图 2-2 所示的 G54 位置，该指令最多可设置 6 个工件坐标系。

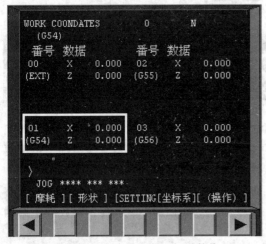

图 2-2　G54 存储工件坐标系数值

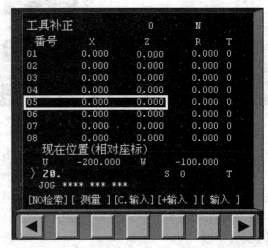

图 2-3　刀具偏置列表存储工件坐标系数值

（2）指令说明

◎ 使用 G54～G59 指令建立工件坐标系时，必须先用 MDI 方式输入各坐标系的坐标原点在机床坐标系中的坐标值。且机床上存放的是当前工件坐标系与机床坐标系之间的差值，与刀具所停位置无关。

◎ 坐标系存储在机床中，故重新开机仍存在，但须先返回参考点。在接通电源和完成了原点返回后，系统自动选择工件坐标系 1（G54）。

◎ 工件坐标系一旦选定，就确定了工件坐标系在机床坐标系的位置，后续程序中均以此坐标系为基准。

◎ 为模态指令，可相互注销。

2.1.1.2　刀具功能指令 T

（1）指令格式

T□□□□；或 T□□；

当加工过程中用到多把刀具时，经常将各刀具的对刀数值存储在刀具偏置列表中，如图 2-3 所示，编程时用刀具功能指令 T 的后两位数字或后一位数字调用偏置号即可。

（2）指令说明

◎ 使用该功能时，可以直接将各刀具的对刀数值存储到刀具偏置列表中，编程时完全通过刀具功能指令 T 调用；也可以选择其中的一把刀具作为基准刀具，将其对刀数值输入到 G54 中，而其他刀具以基准刀具为参考，将其相应的差值输入到刀具偏置列表中，编程时通过 G54 和刀具功能指令 T 共同调用。

◎ 其他指令说明同 G54～G59。

2.1.1.3 设定临时工件坐标系指令 G50

(1) 指令格式

G50X __ Z __;

X __ Z __为刀尖起始点距工件原点在 X、Z 方向的距离。

(2) 指令说明

◎ G50指令只建立工件坐标系,刀具并不产生运动,且刀具必须放在程序要求的位置。

◎ 该坐标系在机床重新开机时消失,是临时的坐标系。

(3) 应用举例 (图2-4)

选左端面为工件原点:G50 X150.0 Z100.0;

选右端面为工件原点:G50 X150.0 Z20.0;

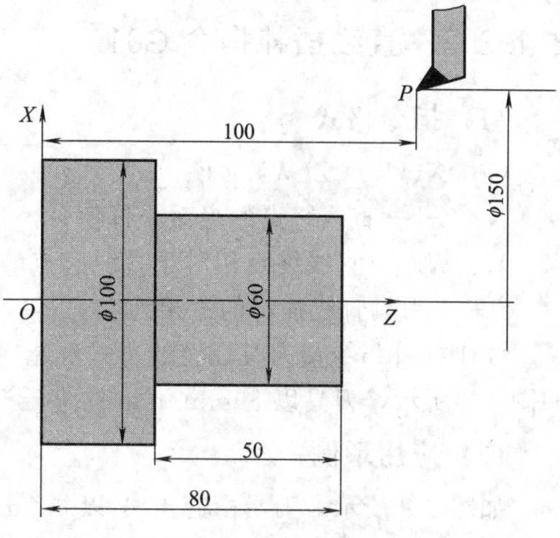

图 2-4　G50建立工件坐标系

2.1.2 简单插补指令

2.1.2.1 快速定位指令 G00

(1) 指令格式

G00 X (U) __ Z (W) __;

X、Z——目标点的绝对坐标值。

U、W——目标点的增量坐标值。

G00指令把刀具从当前位置移动到指令指定的位置(在绝对坐标方式下),或者移动到某个距离处(在增量坐标方式下),如图 2-5 所示,刀具由 P_1 点快速运动到 P_2 点。

(2) 指令说明

刀具以每轴的快速移动速度进行定位,刀具路径通常不是直线,而是折线。该指令通常用来快速接近工件或退刀,使用时要特别注意避免刀具与工件发生碰撞。

(3) 应用举例

如图 2-6 所示,刀具由 A 点运动至 B 点,程序段指令为:

G00 X40.0 Z56.0;(绝对坐标编程)

G00 U−60.0 W−30.5;(增量坐标编程)

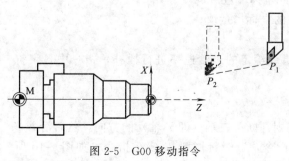

图 2-5　G00 移动指令

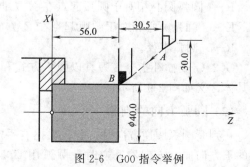

图 2-6　G00 指令举例

2.1.2.2　直线插补指令 G01

（1）指令格式

G01 X(U)__ Z(W)__ F __；

X、Z——直线终点的绝对坐标值；

U、W——直线终点相对于直线起点的增量坐标值；

F——刀具直线插补的进给速度。

G01 插补指令使刀具以直线方式和指令给定的移动速率，从当前位置移动到指令位置。如图 2-7 所示，刀具以 50mm/min 的进给速度由 A 点沿直线切削至 B 点。

（2）应用举例

如图 2-8 所示，刀具由起点 A 以 0.2mm/r 进给速度沿直线切削至终点 B，程序段指令格式为：

绝对坐标程序：G01 X40.0 Z20.1 F0.2；

增量坐标程序：G01 U20.0 W−25.9 F0.2；

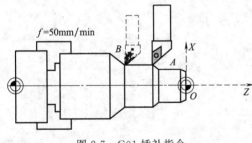

图 2-7　G01 插补指令

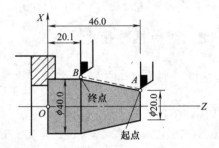

图 2-8　G01 指令举例

2.1.2.3　圆弧插补指令 G02/G03

（1）指令格式

G02(G03) X(U)__ Z(W)__ I __ K __ F __；

G02(G03) X(U)__ Z(W)__ R __ F __；

G02——表示顺时针圆弧插补；

G03——表示逆时针圆弧插补；

X、Z——圆弧终点的绝对坐标值；

U、W——圆弧终点相对于圆弧起点的坐标增量值；

I——圆弧圆心相对于圆弧起点在 X 方向的坐标增量值；

K——圆弧圆心相对于圆弧起点在 Z 方向的坐标增量值；

R——圆弧半径。

G02/G03 插补指令使刀具以圆弧方式和指令给定的进给速率进行插补，指令中各字符的具体含义如图 2-9 所示。

（2）圆弧方向的判断

在判断圆弧顺逆方向时，首先根据右手定则判断第三轴（即 Y 轴）的方向，然后沿着 Y 轴的正方向向负方向看，逆时针圆弧用 G03 指令，顺时针圆弧用 G02 指令，如图 2-10 所示。由于数控车床刀架位置的不同导致 X 坐标轴的方向不同，因此 Y 轴的方向不同，进而影响圆弧顺逆方向的判断，具体如图 2-11 所示。

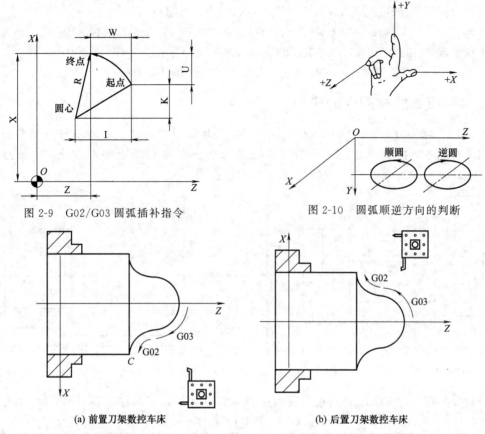

图 2-9 G02/G03 圆弧插补指令   图 2-10 圆弧顺逆方向的判断

(a) 前置刀架数控车床   (b) 后置刀架数控车床

图 2-11 圆弧方向的判断

（3）半径 R 正负的判断

圆弧半径 R 有正负之分，当圆心角大于 $180°$ 时，R 取负值。当圆心角小于 $180°$ 时，R 取正值，如图 2-12 所示。对于圆弧 1，圆心角小于 $180°$，R 取正值。对于圆弧 2，圆心角大于 $180°$ 时，R 取正值。需要说明的是，数控车编程时 R 总是为正值。

圆弧 1：G02 X60.0 Z－40.0 R75.0 F100；

圆弧 2：G02 X60.0 Z－40.0 R－75.0 F100；

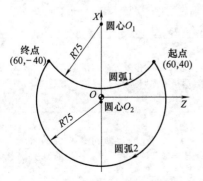

图 2-12 圆弧半径正负值的判断

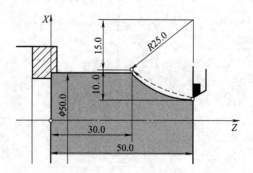

图 2-13 G02/G03 圆弧插补指令举例

(4) 应用举例

加工如图 2-13 所示圆弧，程序指令如下：

圆心坐标编程：G02 X50.0 Z30.0 I25.0 K0.0 F0.3；（绝对坐标）

G02 U20.0 W−20.0 I25.0 K0.0 F0.3；（相对坐标）

半径编程：G02 X50.0 Z30.0 R25.0 F0.3；（绝对坐标）

G02 U20.0 W−20.0 R25.0 F0.3；（相对坐标）

2.1.2.4 简单插补指令的应用

例 2-1 如图 2-14 所示零件，材料为 45 钢，毛坯的尺寸为 $\phi40 \times 105$，试运用简单插补指令编制右端轮廓的加工程序。（要求：工件原点设置在右端面的中心处，主轴速度为 800r/min，进给量为 0.2mm/r，切削深度不得超过 2mm）

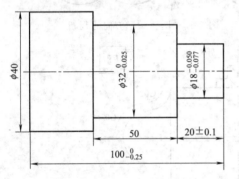

图 2-14 例 2-1 零件图

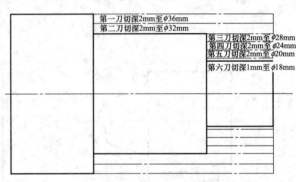

图 2-15 例 2-1 走刀路线图

分析零件图和加工要求，得走刀路线如图 2-15 所示，加工程序见表 2-1。

表 2-1 例 2-1 加工程序

程 序	程序说明
O1001；	程序名
G97 G99 G21；	设置主轴 S 单位为 r/min，进给量 F 单位为 mm/r，坐标单位为 mm，都是开机默认指令，程序中可以省略
T0101；	选择 1 号刀具和 1 号工件坐标系
M03 S800；	主轴正转，转速 800r/min
G00 X43.0 Z3.0；	刀具到达起刀点
X36；	
G01 Z−70 F0.2；	第一刀切深 2mm，X 方向接近工件至 ϕ36mm，沿 Z 方向切削至 Z−70，沿 X 方向切
X42；	出至 X42，沿 Z 方向退刀至 Z3，从而完成第一刀的切削
G00 Z3；	
X32；	
G01 Z−70 F0.2；	第二刀切深 2mm，X 方向接近工件至 ϕ32mm，沿 Z 方向切削至 Z−70，沿 X 方向切
X42；	出至 X42，沿 Z 方向退刀至 Z3，从而完成第二刀的切削
G00 Z3；	
X28；	
G01 Z−20 F0.2；	第三刀切深 2mm，X 方向接近工件至 ϕ28mm，沿 Z 方向切削至 Z−20，沿 X 方向切
X34；	出至 X34，沿 Z 方向退刀至 Z3，从而完成第三刀的切削
G00 Z3；	

续表

程　　　序	程序说明
X24； G01 Z−20 F0.2； X34； G00 Z3；	第四刀切深 2mm，X 方向接近工件至 φ24mm，沿 Z 方向切削至 Z−20，沿 X 方向切出至 X34，沿 Z 方向退刀至 Z3，从而完成第四刀的切削
X20； G01 Z−20 F0.2； X34； G00 Z3；	第五刀切深 2mm，X 方向接近工件至 φ20mm，沿 Z 方向切削至 Z−20，沿 X 方向切出至 X34，沿 Z 方向退刀至 Z3，从而完成第五刀的切削
X18； G01 Z−20 F0.2； X34； G00 Z3；	第六刀切深 1mm，X 方向接近工件至 φ18mm，沿 Z 方向切削至 Z−20，沿 X 方向切出至 X34，沿 Z 方向退刀至 Z3，从而完成第六刀的切削
G00 X100.0 Z100.0；	退刀
M05；	主轴停转
M30；	程序结束

2.1.3　内外圆单一固定循环指令 G90/G94

2.1.3.1　内外直径切削循环指令 G90

(1) 指令格式

圆柱面 G90 X(U)__ Z(W)__ F __；

圆锥面 G90 X(U)__ Z(W)__ R __ F __；

X、Z——切削终点坐标值；

U、W——切削终点相对于循环起点坐标增量值；

R——圆锥面切削的起点相对于终点的半径差。

G90 指令用于单一内外圆柱面、圆锥面的切削循环，走刀路线如图 2-16 所示。

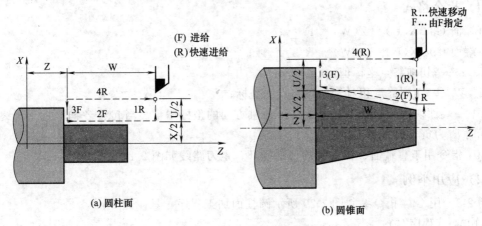

(a) 圆柱面　　(b) 圆锥面

图 2-16　G90 指令走刀路线

33

（2）指令说明

切削圆锥面时必须指定 R 值，R 值为切削的起点相对于终点的半径差，如果切削起点的 X 向坐标小于终点的 X 向坐标，则 R 值为负，反之为正，如图 2-17 所示。

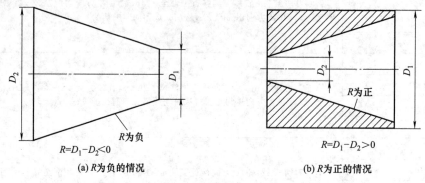

(a) R 为负的情况　　　　　(b) R 为正的情况

图 2-17　G90 指令 R 值正负的判断

（3）应用举例

例 2-2　用 G90 指令编制图 2-18 所示圆锥面的加工程序，具体如下：

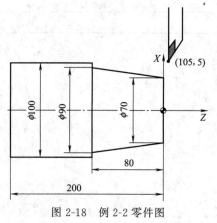

图 2-18　例 2-2 零件图

O1002；（程序名）

T0101；（调用 1 号刀具，1 号刀补）

M03 S1000；（主轴正转，转速 1000r/min）

G00 X105.0 Z5.0；（刀具到达循环起点）

G90 X96.0 Z−80.0 R−10.0 F0.3；（锥面切削循环）

X93.0；（第二刀切削）

X90.0；（最后一刀切削）

G00 X100.0 Z100.0；（退刀到安全位置）

M05；（主轴停转）

M30；（程序结束）

2.1.3.2　锥台阶切削循环指令 G94

（1）指令格式

直端面 G94 X(U)＿ Z(W)＿ F＿ ；

锥端面 G94 X(U)＿ Z(W)＿ R＿ F＿ ；

X、Z——切削终点坐标值；

U、W——切削终点相对于循环起点的坐标；

R——端面切削的起点相对于终点在 Z 轴方向的坐标增量。当起点 Z 向坐标小于终点 Z 向坐标时 R 为负，反之为正。

G94 指令用于直端面、锥台阶的切削循环，走刀路线如图 2-19 所示。

（2）应用举例

例 2-3　用 G94 指令编制图 2-20 所示圆柱面加工程序，具体如下：

O1004；（程序名）

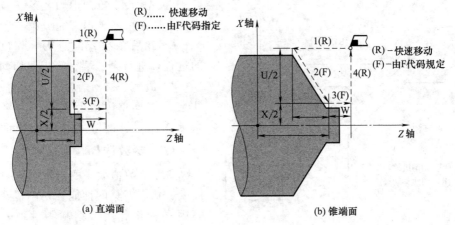

(a) 直端面　　　　　　　　　　　　(b) 锥端面

图 2-19　G94 指令走刀路线

T0101；（调用 1 号刀具，1 号刀补）

M03 S1000；（主轴正转，转速 1000r/min）

G00 X65.0 Z25.0；（刀具到达循环起点）

G94 X50.0 Z16.0 F30；（端面切削循环）

Z13.0；（第二刀切 3mm）

Z10.0；（切削到规定尺寸）

G00 X65.0 Z100.0；（退刀到安全位置）

M05；（主轴停转）

M30；（程序结束）

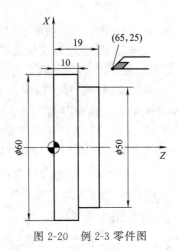

图 2-20　例 2-3 零件图

2.1.4 内外圆复合固定循环指令 G71/G72/ G73/G70

2.1.4.1 内外圆粗车固定循环指令 G71

(1) 指令格式

G71 U（Δd）R（e）；

G71 P（ns）Q（nf）U（Δu）W（Δw）F（f）S（s）T（t）；

Δd——每一层的切削深度（半径指定）；

e——每一层的退刀行程；

ns——精加工程序的第一个程序段序号；

nf——精加工程序的最后一个程序段序号；

Δu——X 方向的精加工余量；

Δw——Z 方向的精加工余量；

F、S、T——粗加工循环中的进给速度、主轴转速与刀具功能。

(2) 走刀路线

G71 指令的走刀路线如图 2-21 所示，具体如下。

◎ 刀具快速定位至循环起始点。

◎ 进刀 Δd，沿着 Z 轴方向开始第一层切削。

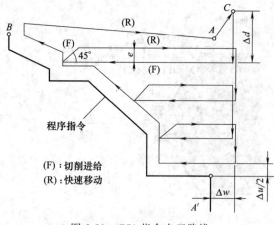

图 2-21　G71 指令走刀路线

(F)：切削进给
(R)：快速移动

◎ 先沿 45°方向退刀，X 方向退刀距离 e，再沿着 Z 轴退刀完成第一层切削。

◎ 此后依次重复进刀、切削、退刀的过程，进行第二层、第三层切削。

◎ 最后一层沿着零件轮廓进行切削，注意 X 方向单边留余量 $\Delta u/2$，Z 方向留余量 Δw，最后刀具返回到循环起始点。

（3）参数选择

◎ Δd 数值大小的选取与工件材料的硬度、切削刀具的性能、切削机床的刚性等因素密切相关，钢制零件 Δd 通常取 1～2mm，铝制零件的 Δd 通常取 1.5～3mm。

◎ e 的数值越小则加工时间越短，一般情况下取 0.2～0.5mm，以便减少空行程。

◎ ns 的数值可以取任意整数。

◎ nf 的数值也可以取任意整数，但是不能和 ns 的数值相同。

◎ Δu 通过直径值指定，其数值一般取 0.2～0.5mm。Δu 的数值有正负之分，用于表示外圆的加工余量时为正，表示内孔的加工余量时为负。

◎ Δw 为 Z 方向精加工余量，其数值可取 0～0.1mm，由于大多数轴类零件的长度方向精度要求不高，因此通常不留精加工余量，故 Δw 大多取零。

◎ F、S、T 分别为粗车时的进给速度、主轴转速和刀具功能，进给量通常取 0.25～0.5mm/r，主轴转速通常取 800～1000r/min，刀具功能通常省略。

（4）指令说明

◎ 在实际生产中，对径向尺寸精度相对要求较高、轴向尺寸精度要求较低、且轴向切削尺寸大于径向切削尺寸的棒料毛坯工件粗车时，宜选用 G71 指令。另外，零件轮廓外形必须是单调递增或单调递减的。

◎ 循环起始点的位置主要根据毛坯的尺寸来选择，X 方向距离毛坯表面 2～5mm，Z 方向距离毛坯端面 2～3mm 即可。

◎ ns 程序段中刀具只能沿 X 轴运动，不能做 Z 轴的运动，即精加工程序第一句不能出现 Z 坐标。

◎ 粗车进给速度执行指令中的 F 数值，而 ns～nf 程序段中 F 数值只能在精车时有效。

◎ ns～nf 程序段中，恒线速功能无效，而且不能调用子程序。

2.1.4.2　端面粗车固定循环指令 G72

（1）指令格式

G72 W(Δd) R(e)；

G72 P(ns) Q(nf) U(Δu) W(Δw) F(f) S(s) T(t)；

Δd——每一层的切削深度（长度指定）；

e——每一层的退刀行程；

ns——精加工程序的第一个程序段序号；

nf——精加工程序的最后一个程序段序号；

Δu——X 方向的精加工余量；

Δw——Z 方向的精加工余量；

F、S、T——粗加工循环中的进给速度、主轴转速与刀具功能。

（2）走刀路线

G72 指令的走刀路线如图 2-22 所示，具体如下。

◎ 刀具快速定位至循环起始点。

◎ 进刀 Δd，沿着 X 轴方向开始第一层切削。

◎ 先沿 45°方向退刀，Z 方向退刀距离 e，再沿着 X 轴退刀完成第一层切削。

◎ 此后依次重复进刀、切削、退刀的过程，进行第二层、第三层切削。

◎ 最后一层沿着零件轮廓进行切削，注意 X 方向单边留余量 $\Delta u/2$，Z 方向留余量 Δw，最后刀具返回到循环起始点。

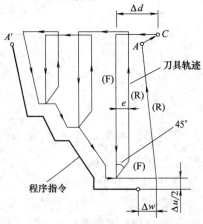

图 2-22　G72 指令走刀路线

（3）参数选择

Δd 为 Z 向切削深度，通常取 $1\sim2$mm；其他参数的选择同 G71 指令。

（4）指令说明

◎ 在实际生产中，对轴向尺寸精度相对要求较高、径向尺寸精度要求较低、且径向尺寸大于轴向尺寸的圆钢或各台阶面直径相差较大的盘套类工件毛坯进行粗车时，宜选用 G72 指令。另外，零件轮廓外形必须是单调递增或单调递减的。

◎ ns 程序段中刀具只能沿 Z 轴运动，不能做 X 轴的运动，即精加工程序第一句不能出现 X 坐标。

◎ 其他同 G71 指令。

2.1.4.3　仿形粗车固定循环指令 G73

（1）指令格式

G73 U(Δi) W(Δk) R(Δd)；

G73 P(ns) Q(nf) U(Δu) W(Δw) F(f) S(s) T(t)；

Δi——X 轴方向退刀量的距离和方向（半径值指定）；

Δk——Z 方向退刀量的距离和方向，该值是模态该值；

Δd——分层次数，此值与粗切重复次数相同，该值是模态的；

ns——精加工程序的第一个程序段序号；

nf——精加工程序的最后一个程序段序号；

Δu——X 方向的精加工余量；

Δw——Z 方向的精加工余量；

F、S、T——粗加工循环中的进给速度、主轴转速与刀具功能。

（2）走刀路线

G73 指令的走刀路线如图 2-23 所示，具体如下。

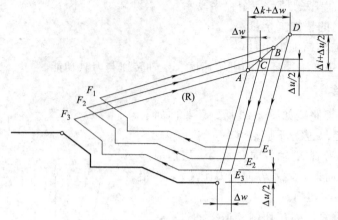

图 2-23 G73 指令走刀路线

◎ 刀具从循环起点 A 开始快速退刀至 D 点，在 X 方向的退刀量为 $\frac{\Delta u}{2}+\Delta i$，在 Z 方向的退刀量为 $\Delta w+\Delta k$。

◎ 从 D 点开始快速进刀至 E_1 点，沿着轮廓切削至 F_1 点，退刀至下一层的起点 B，完成第一层切削。

◎ 此后依次重复进刀、切削、退刀的过程，如此往复分层切削，分层次数由参数 Δd 确定。

◎ 最后一层沿着零件轮廓 X 方向单边留余量 $\Delta u/2$，Z 方向留余量 Δw，最后刀具返回到循环起始点。

（3）参数选择

◎ Δi 为 X 轴方向退刀量的大小和方向，用半径值来指定。实质上 Δi 是 X 方向的总切深量，该数值若选得过大，则会增加空走刀行程；若选得过小，则会引起切削深度过大而无法分层。实际编程时 Δi 的数值可根据公式（2-1）计算的数值取整选取：

$$\Delta i = \frac{d_{\max}-d_{\min}}{2} \tag{2-1}$$

式中，$d_{\max}$ 为工件的最大直径；$d_{\min}$ 为工件的最小直径。

◎ Δk 为 Z 方向退刀量的大小和方向，实质上是 Z 方向的总切深量，其数值通常取 0。

◎ d 为切削的层数，该数值一般按照 X 方向的最大余量并结合机床刚度、刀具强度、工件材料等具体情况进行选择，最大余量公式如（2-2）所示：

$$\Delta_{\max} = \frac{d_0-d_{\min}}{2} \tag{2-2}$$

式中，$\Delta_{\max}$ 为工件的最大切削余量；d_0 为毛坯直径；$d_{\min}$ 为工件的最小直径。

◎ 其他参数的选择同 G71 指令。

（4）指令说明

◎ G73 指令具有普遍适用性，即对于任何形状的回转体零件，都可以使用 G73 指令进行粗车。但是在实际生产过程中综合考虑生产率等因素，对铸造成形、锻造成形或已粗车成形的工件进行粗车时，宜选择 G73 指令进行粗车；对于轮廓形状非单调递增或单调递减的工件进行粗车时，也适宜选择 G73 指令。

◎ ns 程序段中既可以有 X 方向的进刀，也可以有 Z 方向的进刀。

◎ 为防止轮廓内凹程度大而导致刀具副后刀面与工件轮廓发生干涉，使用 G73 指令进行粗车时多选择外圆尖刀进行切削。

2.1.4.4 精加工循环 G70

（1）指令格式

G70 P（ns）Q（nf）F（f）；

ns——精加工程序的第一个程序段序号；

nf——精加工程序的最后一个程序段序号；

f——精加工的进给速度。

（2）指令说明

◎ G70 主要用于粗车后工件的精车加工，参数 ns、nf 的数值与粗车指令相同。

◎ 精车进给速度可在 G70 指令中指定，也可在 $ns\sim nf$ 程序段中指定。

◎ 如果粗精加工所用刀具不同，注意保证粗车循环起始点和精车循环起始点相同。

2.1.4.5 内外圆复合固定循环指令的应用

（1）G71 指令的应用

例 2-4 用 G71 和 G70 指令加工图 2-24 所示零件，粗车刀具为 T01，精车刀具为 T02，图中点画线部分为工件毛坯。加工程序见表 2-2。

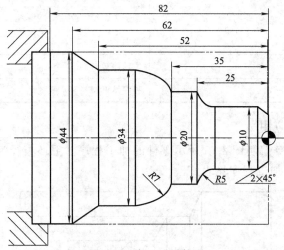

图 2-24 例 2-4 零件图

表 2-2 例 2-4 加工程序

程　　序	程序说明
O1005；	程序名
T0101；	调用 1 号粗车刀和 1 号工件坐标系
M03 S800；	主轴正转，转速为 800r/min
G00 X46.0 Z3.0；	刀具到达循环起始点
G71 U1.5 R1.0；	粗车循环
G71 P100 Q200 U0.4 W0F0.35；	

续表

程　　　序	程序说明
N100 G00 X4.0; Z1.0;	粗加工轮廓起始行,刀具到达倒角的延长线上
G01 X10.0 Z−2.0 F0.1;	加工 2×45°倒角
Z−20.0;	加工 ϕ10 外圆
G02 X20.0 Z−25.0 R5.0;	加工 R5 圆弧
G01 Z−35.0;	加工 ϕ20 外圆
G03 X34.0 Z−42.0 R7.0;	加工 R7 圆弧
G01 Z−52.0;	加工 ϕ34 外圆
X44.0 Z−62.0;	加工外圆锥
Z−82.0;	加工 ϕ44 外圆
N200 X50.0;	退出已加工面
G00 X100.0 Z100.0;	退刀至换刀点
T0202;	调用 2 号精车刀和 2 号工件坐标系
M03 S1200;	主轴正转,转速为 1200r/min
G00 X46.0 Z3.0;	刀具到达循环起始点
G70 P100 Q200;	精加工轮廓
G00 X100.0 Z100.0;	退刀
M05;	主轴停转
M30;	程序结束

(2) G72 指令的应用

例 2-5　用 G72 指令编制图 2-25 所示零件的加工程序,毛坯直径为 ϕ160mm,粗精加工使用同一把刀具 T01。加工程序见表 2-3。

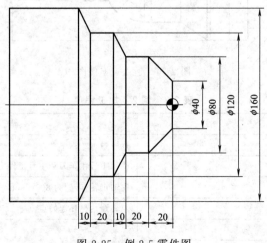

图 2-25　例 2-5 零件图

表 2-3 例 2-5 加工程序

程　　序	程序说明
O1006；	程序初始设置
T0101；	调用 1 号刀具和 1 号工件坐标系
M03 S800；	主轴正转，转速 800r/min
G00 X165.0 Z2.0；	刀具到达循环起始点
G72 W2.0 R0.5；	粗车循环
G72 P60 Q70 U0.5 W0.5 F0.35；	
N60 G00 Z−80.0；	粗加工起始行，刀具接近工件
G01 X160.0 F0.15；	加工 φ160 外圆
X120.0 Z−70.0；	加工锥面
Z−50.0；	加工 φ120 外圆
X80.0 Z−40.0；	加工锥面
Z−20.0；	加工 φ80 外圆
X40.0 Z0.0；	加工外圆锥
N70 Z2.0；	退出已加工面
M03 S1200；	主轴正转，转速为 1200r/min
G70 P100 Q200；	精加工轮廓
G00 X200.0 Z200.0；	退刀
M05；	主轴停转
M30；	程序结束

（3）G73 指令的应用

例 2-6　用 G73 循环指令编制图 2-26 所示零件左端加工程序，毛坯为模锻件，粗精加工使用同一把刀具 T01，加工程序见表 2-4。

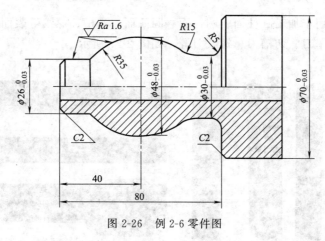

图 2-26 例 2-6 零件图

表 2-4 例 2-6 加工程序

程　　序	程序说明
O1007；	程序名
T0101；	调用 1 号刀具和 1 号工件坐标系
M03 S800；	主轴正转，转速 800r/min
G00 X72.0 Z2.0；	到达循环起始点

续表

程　　　序	程序说明
G73 U24.0 W0.0 R12;	粗车循环
G73 P20 Q30 U0.5 W0.0 F0.35;	
N20 G00 X22.0;	接近工件
G01 Z0.0 F0.15;	
X26.0 Z−2.0;	加工 C2 倒角
Z−14.52;	加工 $\phi26$ 外圆
G03 X35.4 Z−60.03 R35.0;	加工 R35 圆弧
G02 X30.0 Z−68.62 R15.0;	加工 R15 圆弧
G01 Z−75.0;	加工 $\phi30$ 外圆
G02 X40.0 Z−80.0 R5.0	加工 R5 圆弧
G01 X66.0;	加工端面
X70.0 Z−82.0;	加工倒角
N30 X74.0;	退出已加工面
M03 S1200;	主轴正转，转速为 1200r/min
G70 P20 Q30;	精加工轮廓
G00 X100.0 Z100.0;	退刀
M05;	主轴停转
M30;	程序结束

2.1.5　刀具补偿指令 G41/G42/G40

2.1.5.1　刀具补偿的目的

数控车床主要用于加工圆柱面、圆锥面、圆弧面、沟槽、螺纹等表面，因此常用的刀具有外圆车刀、内孔车刀、切槽刀、螺纹刀等，如图 2-27 所示。

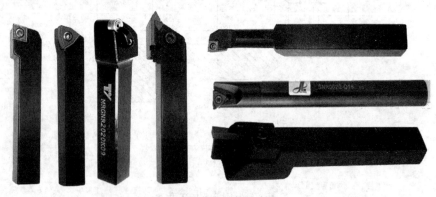

图 2-27　常用的数控车刀

数控车削加工过程中由于所使用的刀具类型及尺寸规格不同，换刀后会导致刀尖位置发生变化，另外刀具在切削过程中的磨损以及刀尖圆弧半径的存在，都会使刀尖运动轨迹无法与工件外形轮廓重合。为了确保工件轮廓的正确性同时简化编程，加工过程中可采用数控系统的刀具补偿功能。所谓刀具补偿就是补偿实际加工时所使用的刀具与编程时使用的理想刀具或对刀时用的基准刀具之间的差值。在数控车床加工中，合理运用刀具补偿功能不但可以大大提高编程效率，同时还可以提高工件的加工精度。

2.1.5.2　刀具补偿的类型

数控车削加工中刀具补偿有刀具偏置补偿和刀尖圆弧半径补偿两种。

（1）刀具偏置补偿

刀具偏置是用来补偿刀具长度与基准刀具长度之差的功能。刀具偏置补偿包括刀具几何补偿和刀具磨损补偿。由于刀具的几何形状不同和刀具的安装位置不同而产生的刀具偏置称为刀具几何偏置；由于刀尖磨损产生的刀具偏置称为刀具磨损偏置即磨耗，如图 2-28 所示。数控加工前需要将各刀具偏置数值手动输入到刀具偏置列表中，一般来说，刀具几何补偿的数值较大，刀具磨损补偿的数值较小。

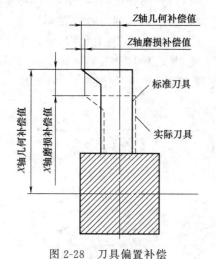

图 2-28　刀具偏置补偿

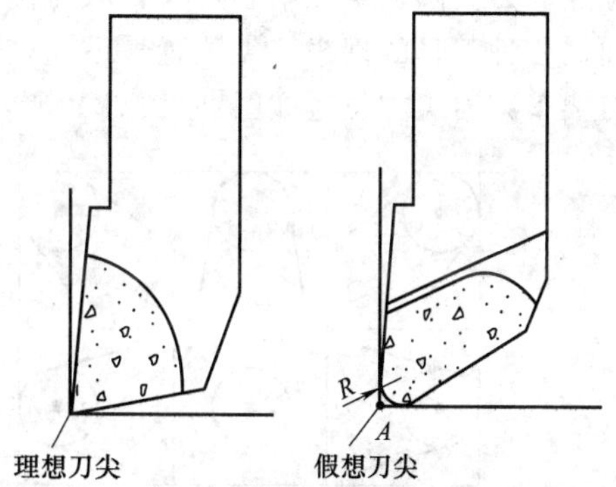

图 2-29　刀尖圆弧半径

（2）刀尖圆弧半径补偿

在数控车削加工中，我们总是理想地将车刀的刀位点假想为一个点，该点即为假想刀尖；但是实际车刀由于工艺或其他要求，刀尖往往不是一个理想的点，而是一段圆弧，如图 2-29 所示。

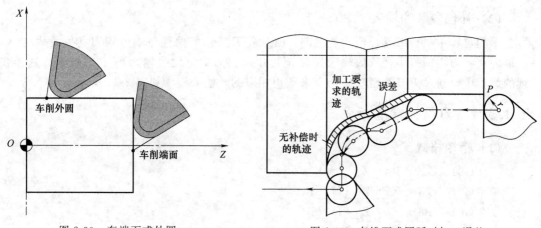

图 2-30　车端面或外圆

图 2-31　车锥面或圆弧时加工误差

在对刀时我们通常以假想刀尖进行对刀，编程时按假想刀尖进行编程，而在实际车削中起作用的切削刀刃却是圆弧与工件轮廓表面的切点。车端面时，刀尖圆弧的实际切削点与理想刀尖点的 Z 坐标值相同；车外圆时，实际切削点与理想刀尖点的 X 坐标值相同。因此车端面和内外圆柱表面时，刀具实际切削刃的轨迹与编程轨迹一致，因此不需要对刀尖圆弧半径进行补偿，如图 2-30 所示。在车削锥面和圆弧面时（母线与坐标轴 Z 或 X 不平行），由于刀具实际切削刃的轨迹与编程轨迹不重合而产生加工误差，因此需要考虑对刀具圆弧半径进行补偿，如图 2-31 所示。

2.1.5.3 补偿数值的输入

(1) 刀尖方位号

车刀的形状不同，决定刀尖圆弧所处的位置不同，执行刀具补偿时，刀具自动偏离零件轮廓的方向也就不同。因此，要把代表车刀形状和位置的参数输入到刀具偏置列表中，车刀形状和位置的方向称为刀尖方位 T。如图 2-32 所示，共有 9 种，分别用参数 0~8 表示。当刀位点取刀尖圆弧半径中心点时，取刀位号 0，也可理解为无刀尖圆弧半径补偿。刀架位置不同，各种刀具的理想刀尖位置号不同，前置刀架车床刀尖方位号如图 2-32 (a) 所示，后置刀架车床刀尖方位号如图 2-32 (b) 所示。

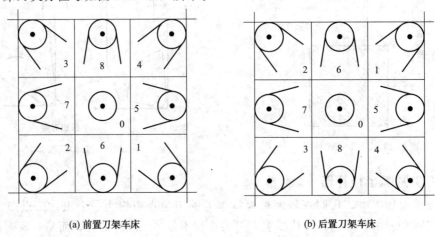

(a) 前置刀架车床　　　　　　　　　　　　(b) 后置刀架车床

图 2-32　刀尖方位号

(2) 补偿参数的输入

编程过程中执行刀具补偿功能之前，必须将刀具几何偏置值输入到刀具偏置表的 X、Z 地址中，将刀尖圆弧半径数值输入到 R 地址中，将刀尖方位号输入到 T 地址中，这样在后续的编程中，通过刀具补偿功能指令来调用相应的补偿数值，如图 2-33 所示。

2.1.5.4 刀具补偿的指令

(1) 指令格式

G40 G01 （G00）X __ Z __;

G41 G01 （G00）X __ Z __ D __;

G42 G01 （G00）X __ Z __ D __;

G40——取消刀具偏置及刀尖圆弧半径补偿；

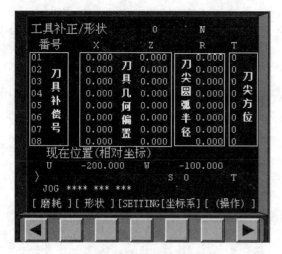

图 2-33 刀具参数输入界面

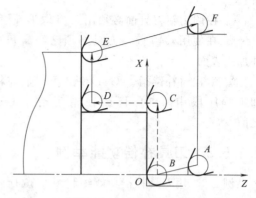

图 2-34 刀具补偿的过程

G41——建立刀具偏置及刀尖圆弧半径左补偿；

G42——建立刀具偏置及刀尖圆弧半径右补偿；

D——刀具补偿号。

（2）刀具补偿的过程

一般来说，刀尖圆弧半径补偿的过程分为三步，如图 2-34 所示：刀具补偿的建立（图中 A→B），即建立刀位点从与编程轨迹重合过渡到与编程轨迹偏离偏置量的过程；刀具补偿的执行（图中 B→C→D→E），执行有 G41、G42 指令的程序段后，刀具始终与编程轨迹相距一个偏置量；刀具补偿的取消（图中 E→F），刀具离开工件，刀位点轨迹要过渡到与编程轨迹重合的过程。

（3）补偿方向的判断

沿着刀具切削运动的方向看，刀具在工件的左侧为左补偿，用 G41 表示。刀具在工件的右侧为右补偿，用 G42 表示。由于刀架的位置不同会导致车床坐标系不同，因此补偿方向也有所不同，判断方法如图 2-35 所示。

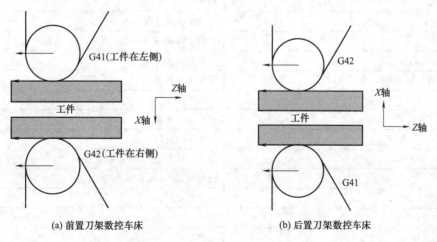

(a) 前置刀架数控车床　　　　(b) 后置刀架数控车床

图 2-35 刀尖圆弧半径补偿方向

（4）指令说明

◎ G40/G41/G42 指令只能和 G00/G01 结合编程，不能和 G02/G03 等其他指令结合编程。

◎ 在调用新刀具前必须用 G40 取消补偿。

◎ 在使用 G40 前，刀具必须已经离开工件加工表面。

◎ 编程时补偿指令 G41/G42 可以放在精加工程序段中，也可以放在精车指令 G70 之前。

2.1.5.5 刀具补偿功能举例

例 2-7 用刀具补偿功能编制图 2-36 所示零件右端加工程序，毛坯为模锻件，粗精加工使用同一把刀具 T01，加工程序见表 2-5。

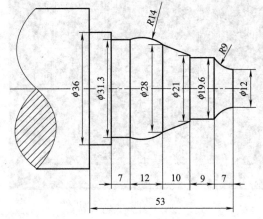

图 2-36 例 2-7 零件图

表 2-5 例 2-7 加工程序

程　序	程序说明
O1008;	程序名
T0101;	调用 1 号刀具和 1 号刀补
M03 S1000;	主轴正转，转速 1000r/min
G00 X45.0 Z10.0;	接近工件
G01 Z0.0 F0.5;	平端面
X−1.0;	
G00 X40.0 Z5.0;	运动至循环起点
G73 U15.0 W0.0 R10.0;	粗车循环
G73 P100 Q200 U0.5 W0.0 F0.35;	
N100 G42 G01 X12.0;	建立刀尖圆弧半径右补偿
Z0.0;	切削至 Z0
G02 X19.6 Z−7.0 R9.0;	切削 R9 圆弧
G01 W−9.0;	切削 ϕ19.6 外圆
X21.0;	切削 ϕ21 端面
X28.0 W−10.0;	切削锥面
G03X31.3 W−12.0 R14.0;	切削 R14 圆弧
G01 W−7.0;	切削 ϕ31.3 外圆
X36.0;	切削 ϕ36 端面
Z−53.0;	切削 ϕ36 外圆
N200 G40 G01 X40.0;	退出已加工面，取消刀补
S1200 M03;	主轴以 1200r/min 的速度正转
G70 P100 Q200 F0.15;	精车循环
G00 X100.0 Z100.0;	退刀
M05;	主轴停转
M30;	程序结束

2.1.6 切槽指令 G74/G75

2.1.6.1 简单槽切削指令 G01+G04

切槽是数控车床常见的加工内容，根据槽型结构和切槽位置的不同，加工方法也不同。针对简单的直槽，可直接采用直线插补指令 G01 和暂停指令配合来切槽。

（1）指令格式

G04X __；或 G04P __；

X——暂停时间，数值为小数形式，单位为秒；

P——暂停时间，数值为整数形式，单位为毫秒；

暂停指令 G04 可以实现刀具进给暂停，从而增加工件表面质量。

（2）指令应用场合

◎ 切槽加工到达槽底时，设置刀具暂停时间，以保证槽的加工质量。

◎ 钻孔或镗孔加工到达孔底部时，设置刀具暂停时间，以保证孔底的钻孔或镗孔质量。

◎ 钻孔加工中途退刀后，设置刀具暂停时间，以保证孔中的切屑充分排出。

（3）指令的应用举例

例 2-8 如图 2-37 所示，在直径 $\phi36mm$ 的外圆上切槽，为了使槽底光滑，要求刀具切到槽底停留 2s，然后 X 向退刀距离为 10mm，用 G01+G04 指令编程如下：

O1009；（程序名）

T0202；（调用 2 号切槽刀和 2 号刀补）

M03 S600；（主轴正转，转速 600r/min）

G00 X38.0 Z−29.0；（刀具到切槽起点）

G01 X30.0 F0.2；（切槽至槽底）

G04 X2.0；（停留 2s）

G01 X38.0；（X 向刀具退出）

G00 Z100.0；（Z 向退刀到安全位置）

M05；（主轴停转）

M30；（程序结束）

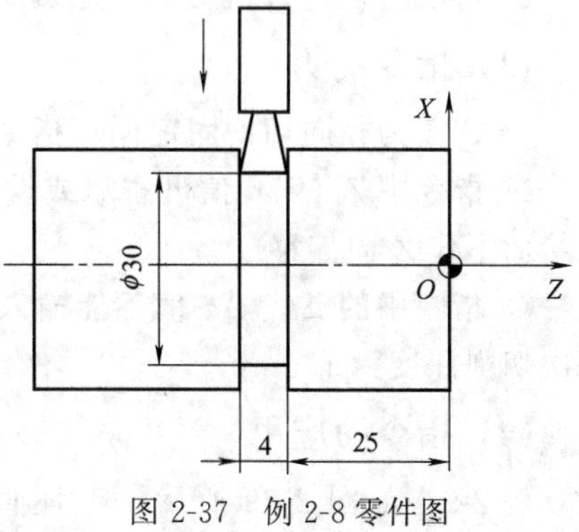

图 2-37 例 2-8 零件图

2.1.6.2 径向切槽循环指令 G75

（1）指令格式

G75 R（e）；

G75 X（U）Z（W）P（Δi）Q（Δk）R（Δd）F（f）；

e——退刀量；

U——切槽终点处的 X 坐标值；

W——切槽终点处的 Z 坐标值；

Δi——X 方向的每次切削深度，用半径值表示，采用整数形式，单位为微米；

Δk——刀具完成一次径向切削后，在 Z 方向的偏移量，采用整数形式，单位为微米；

Δd——刀具在切削底部的 Z 向退刀量，需要说明的是考虑到第一刀切削完成移动过程中会打刀，所以一般 Δd 取零。

（2）走刀路线

径向切槽循环指令 G75 的走刀路线如图 2-38 所示，具体如下。

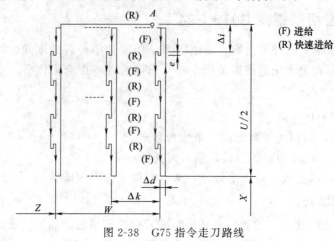

图 2-38　G75 指令走刀路线

◎ 刀具快速定位至循环起始点 A。

◎ X 方向多次进刀切削，每次进刀深度 Δi，每次进刀后的退刀量为 e，反复切削直到槽底 X 位置，刀具 X 方向退回至起始点。

◎ 刀具在 Z 方向偏移距离 Δk。

◎ 再次重复进刀、切削、退刀、偏移的过程，直至到达槽宽 Z 位置，整个槽切削完成。

（3）指令说明

◎ G75 为径向切槽固定循环指令，主要适合于圆周方向的深槽、宽槽、等距槽的加工。

◎ 指令中 Z（W）值可省略或设定值为 0，当设置为 0 时表示执行循环时刀具仅作 X 向进给而不作 Z 向偏移。

◎ 指令中的 Δi、Δk 值不能输入小数点，而直接输入整数形式，例如 P1500 表示径向每次切削深度为 1.5mm。

（4）指令的应用

例 2-9　如图 2-39 所示，毛坯直径为 ϕ45mm，用粗车循环指令 G71、精车循环指令 G70、切槽循环指令 G75 编写加工程序，切槽刀宽度为 5mm，加工程序见表 2-6。

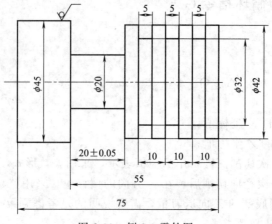

图 2-39　例 2-9 零件图

表 2-6 例 2-9 加工程序

程 序	程序说明
O1010;	程序名
T0101;	调用 1 号外圆车刀和 1 号刀补
M03 S800;	主轴正转,转速 800r/min
G00 X48.0 Z3.0;	运动至循环起点
G71 U2.0 R1.0;	粗车循环
G71 P100 Q200 U0.5 W0.0 F0.35;	
N100 G00 X42.0;	X 轴进刀
G01 Z-55.0;	切削 φ42 外圆
N200 X46.0;	切削台阶面
S1200 M03;	主轴以 1200r/min 的速度正转
G70 P100 Q200 F0.15;	精车循环
G00 X100.0 Z100.0;	退刀至换刀点
T0202;	调用 2 号切槽刀和 2 号刀补
M03 S500;	主轴正转,转速 500r/min
G00 X46.0 Z-30.0;	到达切槽起始点
G75 R0.5;	切 3 个 5mm 的窄槽
G75 X32.0 Z-10.0 P500 Q10000 F0.1;	
G00 X46.0 Z-55.0;	到达切槽起始点
G75 R0.5;	切 1 个 20mm 的宽槽
G75 X20.0 Z-30.0 P500 Q4500 F0.1;	
G00 X100.0;	X 向退刀
Z100.0;	Z 向退刀
M05;	主轴停转
M30;	程序结束

2.1.6.3 端面切槽循环指令 G74

(1) 指令格式

G74 R (e);

G74 X (U) Z (W) P (Δi) Q (Δk) R (Δd) F (f);

Δi——刀具完成一次轴向切削后,在 X 方向的偏移量,用不带符号的半径量表示;

Δk——Z 轴方向每次的切削深度,用不带符号的数值表示;

其余参数同 G75 指令。

(2) 走刀路线

端面切槽循环指令 G74 的走刀路线如图 2-40 所示,具体如下。

◎ 刀具快速定位至循环起始点 A。

◎ Z 方向多次进刀切削,每次进刀深度 Δk,每次进刀后的退刀量为 e,反复切削直到槽底位置,刀具 Z 方向退回至起点。

◎ 刀具在 X 方向偏移距离 Δi。

◎ 再次重复进刀、切削、退刀、偏移的过程，直至到达槽宽 X 位置，整个槽切削完成。

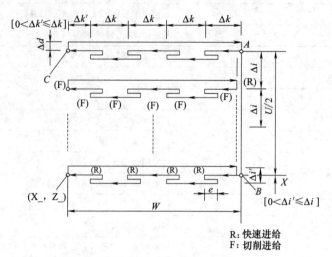

R：快速进给
F：切削进给

图 2-40　G74 指令走刀路线

(3) 指令说明

◎ G74 指令称为端面沟槽循环指令，该指令可以实现深槽的断屑加工，如果忽略了 X（U）和 P，只有 Z 轴的移动，则可作为 Z 向啄式钻孔循环，故又称深孔钻削循环。

◎ 指令中的 Δi、Δk 值不能输入小数点，而直接输入整数形式。

2.1.7　螺纹切削指令 G32/G92/G76

2.1.7.1　螺纹切削工艺参数

(1) 螺纹外径及底孔的确定

螺纹分为外螺纹和内螺纹，加工过程中若直接按照理论值进行切削，由于材料本身塑性变形的存在会导致螺纹尺寸超差。因此，在加工螺纹之前，应从工艺角度出发，针对外螺纹加工出合适的外圆直径，针对内螺纹加工出合适的底孔直径，具体参考下列公式进行选择。

$$d' = d - 0.1P \tag{2-3}$$

式中，d' 为加工外螺纹之前实际车削的外圆直径；d 为外螺纹的公称直径；P 为螺纹的螺距。

$$钢和塑性材料：D' = D - P \tag{2-4}$$

$$铸铁和脆性材料：D' = D - (1.05 \sim 1.1)P \tag{2-5}$$

式中，D' 为加工内螺纹之前实际车削的内孔直径；D 为内螺纹的公称直径；P 为螺纹的螺距。

(2) 切入切出空刀量的确定

由于数控机床伺服系统的滞后，在主轴旋转加、减速过程中，会在螺纹切削的起点和终点产生不正确的导程。因此在进刀和退刀时要留一定的距离，即螺纹的起点和终点位置应当比制定的螺纹长度要长。如图 2-41 所示，δ_1 为空刀进入量，δ_2 为空刀退出量。一般情况下，δ_1 取 2～5mm，对于大螺距和高精度的螺纹取大值；δ_2 不得大于退刀槽宽度，一般取退刀槽宽度的一半。

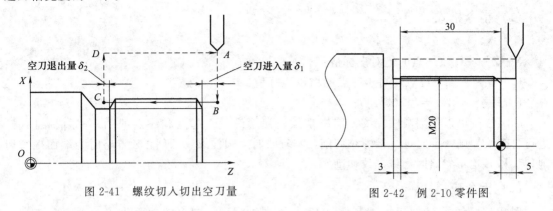

图 2-41 螺纹切入切出空刀量   图 2-42 例 2-10 零件图

(3) 切削用量的选用

◎ 主轴转速：不应过高，尤其是切削大导程螺纹，过高的转速使进给速度太快而引起不正常，资料推荐的最高转速为：

$$N \leqslant \frac{1200}{P} - 80 \tag{2-6}$$

式中，P 为螺纹的螺距。

◎ 进给量：切螺纹时，进给量必须等于螺纹的螺距，否则会发生乱扣现象。

◎ 切削深度：螺纹高度通常为 $0.65P$，切削时常分几次走刀完成，常见公制螺纹的推荐切削次数见表 2-7。

表 2-7 公制螺纹的牙深及切削次数

螺距/mm		1	1.5	2	2.5	3	3.5	4
牙深(半径值)/mm		0.649	0.974	1.299	1.624	1.949	2.273	2.598
切削次数及吃刀量（直径值)/mm	第一刀	0.7	0.8	0.9	1.0	1.2	1.5	1.5
	第二刀	0.4	0.6	0.6	0.7	0.7	0.7	0.8
	第三刀	0.2	0.4	0.6	0.6	0.6	0.6	0.6
	第四刀		0.16	0.4	0.4	0.4	0.6	0.6
	第五刀			0.1	0.4	0.4	0.4	0.4
	第六刀				0.15	0.4	0.4	0.4
	第七刀					0.2	0.2	0.4
	第八刀						0.15	0.3
	第九刀							0.2

(4) 螺纹切削的主要事项

◎ 在切削外螺纹时，刀具起始定位点在 X 方向必须大于螺纹外径；切削内螺纹时，刀具起始定位点在 X 方向必须小于螺纹内径。切削锥螺纹时按大端直径计算：外锥螺纹，起刀点大于外径大端直径；内锥螺纹，起刀点小于最小的内径直径，否则会出现扎刀现象。

◎ 车削螺纹时，主轴不能使用恒线速切削功能，否则会发生乱牙现象。

◎ 车削螺纹过程中，进给速度修调功能和进给暂停功能无效。

2.1.7.2 螺纹基本切削指令 G32

(1) 指令格式

G32 X（U）__ Z（W）__ F；

X、Z——螺纹终点的绝对坐标值；

U、W——螺纹终点相对于起点的增量坐标值；

F——公制螺纹导程（螺距）；

G32 指令可以切削圆柱螺纹、圆锥螺纹、涡形螺纹。起点和终点的 X 坐标值相同时，进行直螺纹切削，反之进行锥螺纹切削。X 省略时为圆柱螺纹切削，Z 省略时为端面螺纹切削；X 和 Z 均不省略时为锥螺纹切削。

(2) 指令应用

例 2-10   使用 G32 指令编制图 2-42 所示螺纹程序，螺纹的螺距为 1mm，$\delta_1 = 5$mm，$\delta_2 = 1.5$mm，加工程序见表 2-8。

表 2-8   例 2-10 加工程序

程　　序	程序说明
O1011；	程序名
T0101；	调用 1 号螺纹车刀和 1 号刀补
M03 S500；	主轴正转,转速 500r/min
G00 X21.0 Z5.0；	运动至切削起点
G00 X19.3；	第一层进刀 0.7mm
G32 Z−33.0 F1.0；	螺纹第一层切削
G00 X21.0；	第一层退刀
Z5.0；	
G00 X18.9；	第二层进刀 0.4mm
G32 Z−33.0 F1.0；	螺纹第二层切削
G00 X21.0；	第二层退刀
Z5.0；	
G00 X18.7；	第三层进刀 0.2mm
G32 Z−33.0 F1.0；	螺纹第三层切削
G00 X22.0；	最后退刀
X100.0 Z100.0；	
M05；	主轴停转
M30；	程序结束

2.1.7.3 螺纹切削单一循环指令 G92

(1) 指令格式

圆柱螺纹 G92 X（U）__ Z（W）__ F __ ；

圆锥螺纹 G92 X（U）__ Z（W）__ R __ F __ ；

X、Z——螺纹终点坐标值；

U、W——螺纹终点相对于起点的坐标；

R——螺纹起点与螺纹终点的半径之差；

F——螺纹导程。

G92指令用于圆柱螺纹、圆锥螺纹的切削循环，走刀路线如图2-43所示。

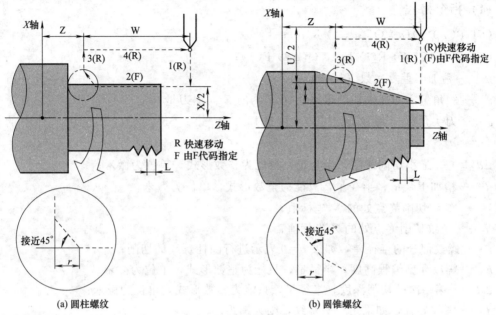

(a) 圆柱螺纹　　　　　　(b) 圆锥螺纹

图2-43 G92指令走刀路线

（2）指令说明

◎ 在使用G92指令前，只需把刀具定位到一个合适的起点位置（X方向处于退刀位置），执行G92时系统会自动把刀具定位到所需的切深位置。

◎ 切削圆锥螺纹时，当X向切削起点坐标小于终点坐标，R为负，反之为正。

◎ G92指令执行过程中，进给速度倍率和主轴速度倍率均无效。

◎ 在单段方式下执行G92循环，则每执行一次循环必须按4次循环启动按钮。

（3）指令应用

例2-11 用G92指令编制图2-44所示圆柱螺纹的加工程序，具体如下：

O1012；

T0101；（调用1号螺纹车刀和1号刀补）

M03 S500；（主轴正转，转速500r/min）

G00 X35.0 Z102.0；（快速接近工件）

G92 X29.2 W−81.0 F1.5；（第一刀切0.8 mm）

X28.6；（第二刀切0.6mm）

X28.2；（第三刀切0.4mm）

X28.04；（第四刀切0.16mm到规定尺寸）

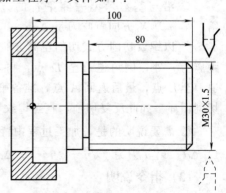

图2-44 G92指令切削圆柱螺纹

G00 X100.0 Z100.0；（退刀到安全位置）

M05；（主轴停转）

M30；（程序结束）

2.1.7.4 螺纹切削复合循环指令 G76

（1）指令格式

G76 P$(m)(r)(a)$ Q$(\Delta d_{\min})$ R(d)；

G76 X(U) Z(W) R(i) P(k) Q(Δd) F(f)；

m——精加工重复次数（1～99）；

r——倒角量，即螺纹切削退尾处（45°）的 Z 向退刀量；

a——刀尖角度（螺纹牙型角），可选择 80°、60°、55°、30°、29°、0° 六种中的任意一种；

$\Delta d_{\min}$——最小切削深度，半径量，只能为整数形式，单位为微米；

d——精加工余量，半径量，只能为整数形式，单位为微米；

U——螺纹切削终点处的 X 坐标值；

W——螺纹切削终点处的 Z 坐标值；

i——螺纹部分的半径差，如果 $i=0$ 表示进行圆柱螺纹的切削；

k——螺纹牙型编程高度，半径量，只能为整数形式，单位为微米；

Δd——第一次的切削深度，半径量，只能为整数形式，单位为微米；

f——螺纹导程，如果是单头螺纹，则为螺距。

G76 为螺纹切削复合固定循环指令，主要适合于大螺距螺纹的加工，因为它的进刀方式是斜进式，可实现单侧刀刃螺纹切削吃刀量逐渐减少，因此可以有效地保护刀具。

（2）走刀路线

G76 指令的走刀路线如图 2-45 所示，具体如下。

◎ 刀具快速定位至循环起始点 A。

◎ 以 G00 方式沿 X 方向进给至螺纹牙顶 X 坐标处 B 点（该点的 X 坐标＝小径＋2K）。

◎ 沿与基本牙型一侧平行的方向进给，第一刀 X 方向背吃刀量 Δd；

◎ 以螺纹切削方式切削至离 Z 向终点距离为 r 处，倒角退刀至 D 点，再 X 向退刀至 E 点，最后返回 A 点，准备第二刀切削循环。如此反复切削，直至螺纹切削完成。

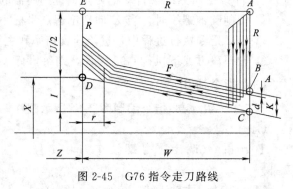

图 2-45　G76 指令走刀路线

◎ 需要说明的是，加工过程中背吃刀量是逐步递减的，第一刀为 Δd，第二刀为 $(\sqrt{2}-1)\Delta d$，第 n 刀为 $(\sqrt{n}-\sqrt{n-1})\Delta d$，如图 2-46 所示。

（3）指令说明

◎ G76 可以在 MDI 方式下使用。

◎ 执行 G76 循环指令时，如果按下循环暂停键，则刀具在螺纹切削后的程序段暂停。

◎ G76 为非模态指令。

（4）指令应用

例 2-12　用 G76 指令编制图 2-47 所示内螺纹的加工程序，具体如下：

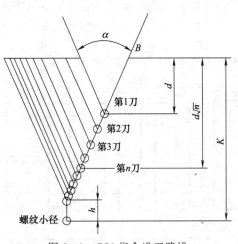

图 2-46　G76 指令进刀路线

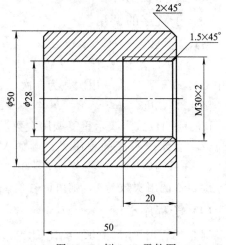

图 2-47　例 2-12 零件图

O1013；

T0101；（调用 1 号螺纹车刀和 1 号刀补）

M03 S500；（主轴正转，转速 500r/min）

M08；（打开冷却液）

G00 X26.0 Z5.0；（到达循环起始点）

G76 P010060 Q100 R 0.1；

G76 X30 Z−20 P1300 Q500 F2.0；（螺纹切削循环）

G00 X100.0 Z100.0；（退刀到安全位置）

M09；（关闭冷却液）

M05；（主轴停转）

M30；（程序结束）

2.1.8　子程序编程指令 M98/M99

（1）子程序的含义

在编制加工程序中，有时会出现有规律、重复出现的程序段。将程序中重复的程序段单独抽出，并按一定格式单独命名，称之为子程序。采用子程序编程可以使复杂程序结构明晰、程序简短、增强数控系统编程功能。

主程序与子程序结构有所不同。相同之处在于二者都是完整的程序，都包括程序号、程序段、程序结束指令。不同之处在结束指令，主程序的结束指令为 M02 或 M30，子程序的结束指令为 M99。另外子程序不能单独运行，由主程序或上层子程序调用执行。

（2）子程序的格式结构

子程序格式如下：

O××××；（子程序的程序号）

………；

………；

………；（子程序的程序段内容）

M99；（子程序结束语句）

（3）子程序的调用

格式1：M98　P××××　L××；

P××××表示被调用的子程序号，L××表示重复调用次数，例如 M98 P0100 L5 表示调用 O0100 子程序，调用次数为 5 次。

格式2：M98　P××××××××；

P 的前四位数字表示重复调用次数，后四位数字表示子程序的程序号，例如 M98 P80100 表示调用 O0100 子程序，调用次数为 8 次。若调用次数为 1，则可以省略。

（4）子程序举例

例 2-13　用子程序功能编制图 2-48 所示等距槽加工程序，具体见表 2-9。

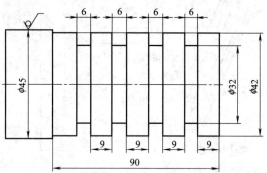

图 2-48　例 2-13 零件图

表 2-9　例 2-12 加工程序

程　　序	程序说明
主程序	
O1014；	主程序的程序名
T0303；	调用 3 号切槽刀和 3 号刀补
M03 S500；	主轴正转，转速 500r/min
G00 X44.0 Z0.0；	运动至切削起点
M08；	打开冷却液
M98 P41015；	调用子程序 O1015，调 4 次
G00 X100.0 Z100.0；	退刀
M09；	关闭冷却液
M05；	主轴停转
M30；	程序结束
子程序	
O1015；	子程序的程序名
G01 W−15.0；	Z 轴负方向平移 15mm
G01 X32.0 F0.15；	切槽至槽底
G04 X1.0；	暂停 1s
G00 X44.0；	退刀
M99；	子程序结束

2.2 SIEMENS 系统数控车编程指令

2.2.1 SIEMENS 系统编程概述

SIEMENS 系统数控车编程技术与 FANUC 系统的编程技术有很多相同的地方,本章仅就二者的不同之处予以简单介绍。常见的准备功能 G 指令见表 2-10。

表 2-10 SIEMENS 802D 准备功能代码

地址	组别	功能及说明	指令格式
G0		快速点定位	G0 X __ Z __
G1▲		直线插补	G1 X __ Z __ F __
G2		顺时针方向圆弧插补	G2/G3 X __ Z __ CR= __ F __ G2/G3 X __ Z __ I __ K __ F __
G3		逆时针方向圆弧插补	G2/G3 X __ Z __ AR= __ F __
CIP		通过中间点的圆弧插补	CIP X __ Z __ I1= __ K1= __ F __
CT		带切线过渡的圆弧插补	CT X __ Z __ F __
G33	1	恒螺距的螺纹切削	G33 Z __ K __ (圆柱螺纹) G33 Z __ X __ K __ (锥螺纹,锥角小于 45°) G33 Z __ X __ I __ (锥螺纹,锥角大于 45°) G33 X __ I __ (端面螺纹)
G34		螺纹切削,螺距不断增加	G34 Z __ K __ F __
G35		螺纹切削,螺距不断减小	G35 Z __ K __ F __ (螺距减小的圆柱螺纹) G35 X __ I __ F __ (螺距减小的端面螺纹) G35 Z __ X __ K __ F __ (螺距减小锥螺纹)
G4★	2	暂停指令	G04 F __ G04 S __
G74★		返回参考点	G74 X1=0 Z1=0
G75★		返回固定点	G75 X1=0 Z1=0
G25★	3	主轴转速下限	G25 S __
G26★		主轴转速上限	G26 S __
G17	6	选择 XY 平面	G17
G18▲		选择 ZX 平面	G18
G19		选择 YZ 平面	G19
G40▲	7	取消刀尖半径补偿	G40
G41		刀尖半径左补偿	G41 G1 X __ Z __
G42		刀尖半径右补偿	G42 G1 X __ Z __
G500▲	8	取消零点偏置	G500
G54~G59		设定零点偏置	G54 或 G55 等
G53★	9	取消零点偏置	G53
G153★		取消零点偏置	G153

地址	组别	功能及说明	指令格式
G70	13	英制尺寸数据输入	G70
G700		英制尺寸数据输入,也用于进给率 F	G700
G71▲		公制尺寸数据输入	G71
G710		公制输入,也用于进给率	G710
G90▲	14	绝对尺寸数据输入	G90 G01 X __ Z __ F __
AC			G90 G01 X __ Z＝AC(__)F __
G91		增量尺寸数据输入	G91 G01 X __ Z __ F __
IC			G90 G01 X __ Z＝IC(__)F __
G94	15	每分钟进给	G94(单位:mm/min)
G95▲		每转进给	G95(单位:mm/r)
G96		恒线速度切削	G96 S __ LIMS＝ __ F __(F 单位:mm/r,S 单位:m/min)
G97		取消恒线速度切削	G97 S __ (S 单位:r/min)
DIAMOF	29	半径量方式	DIAMOF
DIAMON▲		直径量方式	DIAMON
CYCLE81	孔加工固定循环	钻孔循环	CYCLE81(RTP,RFP,SDIS,DP,DPR)
CYCLE82		钻孔循环	CYCLE82(RTP,RFP,SDIS,DP,DPR,DTB)
CYCLE83		深度钻孔循环	CYCLE83(RTP,RFP,SDIS,DP,DPR,FDEP,FDPR,DAM,DTB,DTS,FRF,VARI)
CYCLE84		刚性攻螺纹循环	CYCLE84(RTP,RFP,SDIS,DP,DPR,DTB,SDAC,MPIT,PIT,POSS,SST,SST1)
CYCLE840		带补偿夹具攻螺纹循环	CYCLE840(RTP,RFP,SDIS,DP,DPR,DTB,SDR,SDAC,ENC,MPIT,PIT)
CYCLE85		镗孔(铰孔)循环	CYCLE85(RTP,RFP,SDIS,DP,DPR,DTB,FFR,RFF)
CYCLE86		精镗孔循环	CYCLE86(RTP,RFP,SDIS,DP,DPR,DTB,SDIR,RPA,RPO,RPAP,POSS)
CYCLE87		镗孔循环	CYCLE87(RTP,RFP,SDIS,DP,DPR,DTB,SDIR)
CYCLE88		镗孔循环	CYCLE88(RTP,RFP,SDIS,DP,DPR,DTB,SDIR)
CYCLE89		镗孔循环	CYCLE89(RTP,RFP,SDIS,DP,DPR,DTB)
CYCLE93	切槽循环	切槽循环	CYCLE93(SPD,SPL,WIDG,DIAG,STA1,ANG1,ANG2,RCO1,RCO2,RCI1,RCI2,FAL1,FAL2,IDEP,DTB,VARI)
CYCLE94		E 型和 F 型退刀槽切削循环	CYCLE94(SPD,SPL,FORM)
CYCLE96		螺纹退刀槽切削循环	CYCLE96(DIATH,SPL,FORM)
CYCLE95	车削循环	毛坯切削循环	CYCLE95(NPP,MID,FALZ,FALX,FAL,FF1,FF2,FF3,VARI,DT,DAM,VRT)
CYCLE97		螺纹切削循环	CYCLE97(PIT,MPIT,SPL,FPL,DM1,DM2,APP,ROP,TDEP,FAL,IANG,NSP,NRC,NID,VARI,NUMT)

注：1. 表中带有符号"▲"的指令表示开机默认指令。

2. 表中带"★"的指令和固定循环指令均为非模态指令,其余指令为模态指令。

2.2.2　编程初始设置指令

2.2.2.1　绝对坐标方式 G90 与增量坐标方式 G91

G90 表示绝对坐标输入方式，G91 表示增量坐标输入方式，在程序段中还可以通过 AC/IC 指令进行绝对坐标/增量坐标方式的设定，分别用＝AC（＿），＝IC（＿）进行赋值。

例如图 2-49 所示，刀具由 A 点快速移动至 B 点，分别用绝对坐标方式 G90、增量坐标方式 G91、AC/IC 方式三种方式编写程序如下：

绝对坐标方式：G90 G00 X40 Z6

增量坐标方式：G91 G00 X－40 Z－84

AC/IC 方式：G90 G00 X40 Z＝ IC（－84）

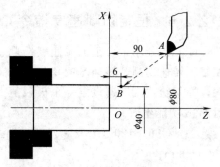

图 2-49　绝对方式与增量方式坐标输入

2.2.2.2　公制尺寸/英制尺寸 G71，G70，G710，G700

指令 G70 和 G700 表示英制尺寸数据输入，G71 和 G710 公制尺寸数据输入。其中 G70/G71 用于设定与工件直接相关的几何尺寸，G700/G710 用于设定进给率 F 的尺寸系统（in/min、in/r、mm/min、mm/r）。

例如：G91 G70 G01 X10；（表示刀具向 X 轴正方向移动 10in）

G91 G71 G01 X20；（表示刀具向 X 轴正方向移动 20mm）

2.2.2.3　半径/直径数据尺寸 DIAMOF 和 DIAMON

DIAMOF 表示 X 方向的尺寸以半径数据尺寸进行编程，DIAMON 表示 X 方向的尺寸以直径数据尺寸进行编程。为了编程方便，一般按直径方式进行编程。

例如图 2-50 所示，刀具由 A 点沿直线切削至 B 点，进给速度为 0.4mm/r。分别以直径数据尺寸和半径数据尺寸两种方式进行编程。

两种方式的程序段如下：

DIAMON G90 G01 X40 Z－80 F0.4；

（直径数据尺寸，X40 表示直径尺寸）

DIAMOF G90 G01 X20 Z－80 F0.4；

（半径数据尺寸，X20 表示半径尺寸）

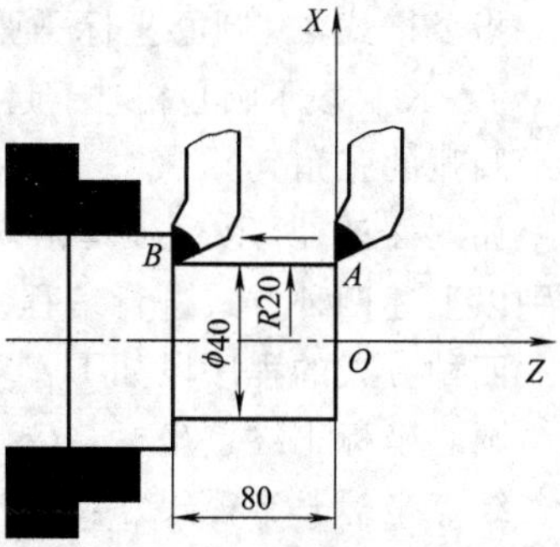

2.2.2.4　进给量单位设置指令 G94、G95

图 2-50　直径方式与半径方式编程

G94 表示直线进给率，单位为 mm/min；G95 表示旋转进给率，单位为 mm/r。

例：G94 F310；进给量为 310mm/min

G95 F0.5；进给量为 0.5mm/r

2.2.2.5　主轴转速极限 G25 和 G26

G25 指令用来设定主轴转速下限，G26 指令用来设定主轴转速上限。

指令格式：G25 S __ ；

　　　　　　G26 S __ ；

例：N10 G25 S12；主轴转速下限为 12r/min

　　N20 G26 S3000；主轴转速上限为 3000r/min

2.2.2.6　恒定切削速度指令 G96 和 G97

G96 指令用来设定恒线速度切削功能，单位为 m/min。G97 指令取消"恒线速切削"，恢复恒转速切削，转速 S 的单位为 r/min。在执行 G96 指令时，为防止主轴转速超过机床极限，通常给主轴转速设定一个极限值 LIMS＝__，但不允许超出 G26 的上限值，LIMS 值只对 G96 功能生效。

例：G96 S120 LIMS＝2500；恒线速切削，切削速度为 120m/min，转速上限为 2500r/min；

　　G97 S800；恒转速切削，切削速度为 800r/min

2.2.3　简单切削指令

2.2.3.1　圆弧插补 G2，G3，CIP，CT

(1) 圆弧插补 G2，G3

G2 表示顺时针圆弧插补，G3 表示逆时针圆弧插补，G2/G3 为模态指令。

指令格式 1：圆心坐标＋终点坐标　G2/G3 X __ Z __ I __ K __ ；

X __ Z __ 表示圆弧终点坐标，I __ K __ 表示圆心相对于起点的坐标增量值；

指令格式 2：终点坐标＋半径尺寸　G2/G3 X __ Z __ CR＝__ ；

X __ Z __ 表示圆弧终点坐标，CR __ 表示圆弧半径；

指令格式 3：终点坐标＋张角尺寸 G2/G3 X __ Z __ AR＝__ ；

X __ Z __ 表示圆弧终点坐标，AR __ 表示圆弧的张角；

指令格式 4：圆心坐标＋张角尺寸　G2/G3 I __ K __ AR＝__ ；

I __ K __ 表示圆心相对于起点的坐标增量，AR＝__ 表示圆弧的张角。

如图 2-51 所示，刀具沿顺时针进行圆弧插补，分别以上述四种方式进行编程。

四种方式的程序段如下：

圆心坐标＋终点坐标：G2 X40 Z50 I－6 K8

终点坐标＋半径尺寸：G2 X40 Z50 CR＝10

终点坐标＋张角尺寸：G2 X40 Z50 AR＝105

圆心坐标＋张角尺寸：G2 I－6 K8 AR＝105

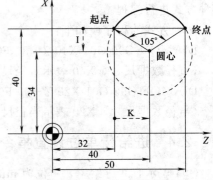

图 2-51　G2/G3 圆弧插补

(2) 通过中间点进行圆弧插补指令 CIP

CIP 表示圆弧方向由中间点的位置确定，中间点位于起始点和终点之间，为模态指令。

指令格式为：CIP X __ Z __ I1＝__ K1＝__ ；

X __ Z __ 表示圆弧终点的坐标，I1＝__ K1＝__ 表示中间点的坐标。

例：CIP X40 Z50 I1＝45 K1＝40；

(3) 切线过渡圆弧 CT

CT 指令表示根据终点生成一段圆弧，且与前一段轮廓（圆弧或直线）切线连接。圆弧半径和圆心坐标由前一段轮廓与圆弧终点的几何关系决定。

指令格式为：CT X __ Z __ ;

X __ Z __ 表示圆弧终点的坐标。

例：CT X40 Z50 ;

2.2.3.2　螺纹切削指令 G33、G34、G35

(1) 恒螺距螺纹切削指令 G33

G33 指令可以加工圆柱螺纹、圆锥螺纹、外螺纹、内螺纹、单头螺纹和多头螺纹等，该指令为模态指令。指令格式为：

G33 Z __ K __ SF __ ;（圆柱螺纹切削）

G33 X __ Z __ K __ ;（圆锥螺纹切削且锥角小于 45°）

G33 Z __ X __ I __ ;（圆锥螺纹切削且锥角大于 45°）

G33 X __ I __ ;　　（端面螺纹切削）

X __ 和 Z __ 为螺纹终点坐标值，I __ 和 K __ 为螺距或导程，SF __ 为螺纹起始角。

(2) 变螺距螺纹切削指令 G34、G35

G34、G35 指令用于在一个程序段中加工具有不同螺距的螺纹，G34 指令用于加工螺距不断增加的螺纹，G35 指令用于加工螺距不断减小的螺纹。G34 和 G35 指令均为模态指令。指令格式：

G34 Z __ K __ F __ ;（增螺距圆柱螺纹）

G35 X __ I __ F __ ;（减螺距端面螺纹）

G35 X __ Z __ K __ F __ ;（减螺距圆锥螺纹）

X __ 和 Z __ 为螺纹终点坐标值，I __ 和 K __ 表示起始处螺距，F 为螺距的变化量（即主轴每转螺距的增量或减量，单位为 mm/r）。

例 2-14　在后置刀架式数控车床上，用 G33 指令编写图 2-52 工件的螺纹加工程序。在螺纹加工前，其外圆已经车至 ϕ19.8mm，导入距离 $\delta_1=3$mm，导出距离 $\delta_2=2$mm，螺纹的总切深量为 1.3mm，分三次切削，背吃刀量依次为 0.8mm、0.4mm、0.1mm。

ABC. MPF　（程序名）

T1D1；（选择 1 号刀具 1 号刀补）

M03 S600；（主轴正转，转速为 600r/min）

G00 X40 Z3；（刀具快速定位至 A 点）

G91 X−20.8；（刀具快速定位至 B 点）

G33 Z−35 K2 SF=0；（第一刀切削至 C 点）

G00 X20.8；（快速退刀至 D 点）

Z35；（快速退刀至 A 点，第一次切削完毕）

X−21.2；（第二刀切削，背吃刀量为 0.4mm）

G33 Z−35 K2 SF=0；（切削螺纹至 C 点）

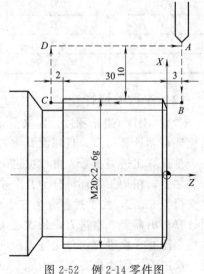

图 2-52　例 2-14 零件图

G00 X21.2；（快速退刀至 *D* 点）

Z35；（快速退刀至 *A* 点，第二次切削完毕）

X—21.3；（第三刀切削，背吃刀量为 0.1mm）

G33 Z—35 K2 SF＝0；（切削螺纹至 *C* 点）

G00 X21.3；（快速退刀至 *D* 点）

Z35；（快速退刀至 *A* 点，第三次切削完毕）

G90 G00 X100 Z100；（退刀）

M05；（主轴停转）

M30；（程序结束）

2.2.4 固定循环指令

2.2.4.1 毛坯切削循环指令 CYCLE95

（1）指令格式

CYCLE95（NPP，MID，FALZ，FALX，FAL，FF1，FF2，FF3，VARI，DT，DAM，VRT）

CYCLE95 指令为粗车削循环指令，指令中各参数的具体含义见表 2-11。

表 2-11　CYCLE95 参数

参数符号	参数类型	参 数 含 义
NPP	字符串	轮廓子程序名称
MID	实数	进给深度（无符号输入）
FALZ	实数	*Z* 轴的精加工余量（无符号输入）
FALX	实数	*X* 轴的精加工余量，半径量（无符号输入）
FAL	实数	沿轮廓方向的精加工余量（无符号输入）
FF1	实数	非退刀槽加工的进给速度
FF2	实数	进入凹凸切削时的进给速度
FF3	实数	精加工的进给速度
VARI	实数	加工类型，取值范围 1～12
DT	实数	粗加工时用于断屑的停顿时间
DAM	实数	粗加工因断屑而中断时所经过的路径长度
VRT	实数	粗加工时从轮廓退刀的距离，*X* 向为半径量（无符号输入）

（2）参数的选择

参数 MID（进给深度）定义的是粗加工最大可能的背吃刀量，实际切削时的背吃刀量由循环自动计算得出，且每次背吃刀量相等。计算时，系统根据最大可能的进刀深度和总加工余量计算出进刀次数，再根据进刀次数和总加工余量计算出每次的进刀深度。对于内凹轮廓的加工，粗加工循环可分为几个步骤进行，例如图 2-53 所示内凹轮廓，指令中参数 MID定义值为 5mm，加工过程分为三个步骤进行：加工步骤 1 的总深度是 39mm，根据 MID 数值计算得出需要 8 次进刀，每次进刀深度为 4.875mm；加工步骤 2 的总深度是 36mm，计算得出需要 8 次进刀，每次进刀深度为 4.5mm；加工步骤 3 的总深度是 7mm，计算得出需要 2 次进刀，每次进刀深度为 3.5mm。

参数 FALZ 表示 Z 轴的精加工余量，FALX 表示 X 轴的精加工余量，FAL 表示轮廓的精加工余量，如图 2-54 所示。

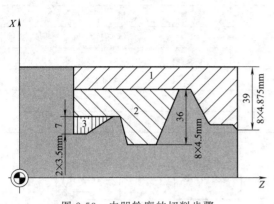

图 2-53 内凹轮廓的切削步骤　　　　　图 2-54 精加工余量 FALZ 和 FALX

FF1 表示非退刀槽加工的进给速度，FF2 表示进入内凹轮廓切削时的进给速度，FF3 表示精加工的进给速度，如图 2-55 所示。

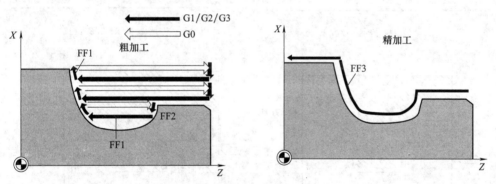

图 2-55 进给速度 FF1、FF2、FF3

参数 VARI 表示的加工方式共分为三类 12 种，第一类为纵向加工与横向加工（纵向加工方式是指沿 X 轴切深进给，沿 Z 轴切削进给；横向加工方式是指沿 Z 轴切深进给，沿 X 轴切削进给），第二类为内部加工与外部加工（纵向加工方式中，当刀具切深方向为 -X 时，则为纵向外部加工方式；当刀具切深方向为 +X 时，则为纵向内部加工方式），第三类为粗加工、精加工与综合加工（粗加工方式是指采用分层切除余量，完成后保留精加工余量；精加工是指刀具沿轮廓轨迹一次性进行加工；综合加工是粗加工和精加工的合成），如表 2-12 和图 2-56 所示。

表 2-12 毛坯切削循环加工方式

数值（VARI）	横向/纵向	外部/内部	粗加工/精加工/综合加工
1	纵向	外部	粗加工
2	横向	外部	粗加工
3	纵向	内部	粗加工
4	横向	内部	粗加工
5	纵向	外部	精加工

续表

数值（VARI）	横向/纵向	外部/内部	粗加工/精加工/综合加工
6	横向	外部	精加工
7	纵向	内部	精加工
8	横向	内部	精加工
9	纵向	外部	综合加工
10	横向	外部	综合加工
11	纵向	内部	综合加工
12	横向	内部	综合加工

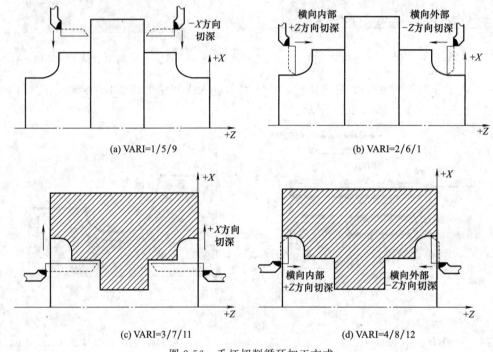

(a) VARI=1/5/9   (b) VARI=2/6/1

(c) VARI=3/7/11   (d) VARI=4/8/12

图 2-56　毛坯切削循环加工方式

参数 DAM 表示粗加工因断屑而中断时所经过的路径长度，DT 表示粗加工时用于断屑的停顿时间，单位为 s。参数 VRT 可以用来编程在粗加工时刀具在两个轴向的退回量，如果 VRT＝0（参数未编程），刀具将退回 1mm。

（3）走刀路线

纵向加工方式刀具的走刀路线如图 2-57（a）所示，即进刀（CE，轨迹 11）→Z 向切削（EJ，轨迹 12）→沿工件轮廓切削（JK，轨迹 13）→退刀（KC，轨迹 14 和 15）→完成第一刀加工循环，重复以上动作，完成第二刀、第三刀等的加工循环。

横向加工方式刀具的走刀路线如图 2-57（b）所示，即进刀（CD，轨迹 11）→X 向切削（DJ，轨迹 12）→沿工件轮廓切削（JK，轨迹 13）→退刀（KC，轨迹 14 和 15）→完成第一刀加工循环，重复以上动作，完成第二刀、第三刀等的加工循环。

（4）指令应用

例 2-15　用 CYCLE95 指令编写图 2-58 所示零件的加工程序。

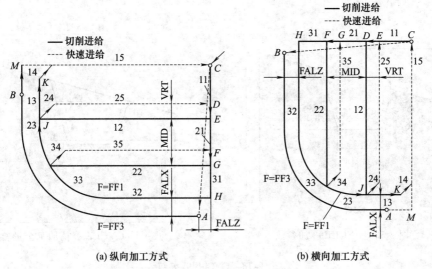

(a) 纵向加工方式　　　　　(b) 横向加工方式

图 2-57　CYCLE95 走刀路线

MPQX. MPF（程序名称）

T1D1（选择 1 号刀具及 1 号刀补）

M03 S600 F100（主轴正转，每分钟 600 转）

G00 X18 Z2（接近轮廓）

CYCLE95（"ANFANG：ENDE"，1.5，0.2，0.05，，150，80，80，10，，，0.5）（CYCLE95 循环）

ANFANG：

G00 X72 Z−23

G01 X50

G03 X30 Z−13 CR＝10

G02 X20 Z−8 CR＝5

G01 X16

Z−2

X12 Z0

ENDE

G74 X0 Z0（回参考点）

M30（程序结束）

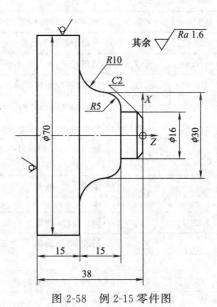

图 2-58　例 2-15 零件图

2.2.4.2　切槽循环指令 CYCLE93

（1）指令格式

CYCLE93（SPD，SPL，WIDG，DIAG，STA1，ANG1，ANG2，RCO1，RCO2，RCI1，RCI2，FAL1，FAL2，IDEP，DTB，VARI）

切槽循环指令 CYCLE93 中各参数的定义如图 2-59 和图 2-60 所示，各参数的具体含义见表 2-13 所示。

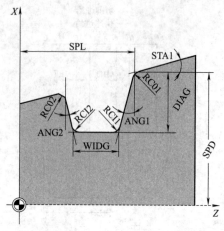

图 2-59　CYCLE93 加参数

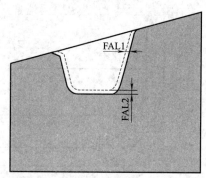

图 2-60　CYCLE93 精加工余量参数

表 2-13　CYCLE93 参数

参数符号	参数类型	参数含义	
SPD	实数	横向坐标轴起始点,直径值	SPD 和 SPL 用来定义槽的起始点
SPL	实数	纵向坐标轴起始点	
WIDG	实数	切槽宽度(无符号编程)	WIDG 和 DIAG 用来定义槽的形状
DIAG	实数	切槽深度(无符号编程,X 向为半径值)	
STA1	实数	轮廓和纵向轴之间的角度,取值 0°~180°	STA1 来编程加工槽的斜线角
ANG1	实数	侧面角 1,在切槽一边,由起始点决定	不对称的槽可以通过定义不同的侧面角 ANG1 和 ANG2 来描述
ANG2	实数	侧面角 2,在切槽另一边(无符号编程),取值范围:0°~89.999°	
RCO1	实数	槽边半径/倒角 1,外部位于由起始点决定的一边	槽的形状可以通过输入槽边半径/倒角(RCO1 和 RCO2)或槽底的半径/倒角(RCI1 和 RCI2)来修改。如果输入的数值为正,则表示半径;如果输入的数值为负,则表示倒角
RCO2	实数	槽边半径/倒角 2,外部位于起始点的另一边	
RCI1	实数	槽底半径/倒角 1,内部位于由起始点决定的一边	
RCI2	实数	槽底半径/倒角 2,内部位于起始点的另一边	
FAL1	实数	槽底的精加工余量	可以单独编程槽底和侧面的精加工余量
FAL2	实数	槽侧面的精加工余量	
IDEP	实数	进给深度(无符号编程,X 向为半径值)	通过编程一个进给深度,可以将近轴切槽分成几个深度进给。每次进给后,刀具退回 1mm 以便断屑
DTB	实数	槽底停顿时间	
VARI	整数	加工类型,取值范围值:1~8 和 11~18	

(2) 加工类型

槽的加工类型分成三类共 8 种:第一类为纵向或横向加工(纵向加工是指槽深为 X 方向,槽宽为 Z 方向的一种加工方式;横向加工是指槽深为 Z 方向,槽宽为 X 方向的一种加工方式),第二类为内部或外部加工(刀具朝－X 方向切入时称为外部加工;刀具朝＋X 方向切入时称为内部加工），第三类为起刀点位于槽左侧或右侧（站在操作者位置观察刀具，当循环起点位于槽的右侧时称为右侧起刀；当循环起点位于槽的左侧时称为左侧起刀），见表 2-14。

表 2-14　切槽方式

VARI 数值	纵向/横向	外部/内部	起刀点位置
1	纵向	外部	左边
2	横向	外部	左边
3	纵向	内部	左边
4	横向	内部	左边
5	纵向	外部	右边
6	横向	外部	右边
7	纵向	内部	右边
8	横向	内部	右边

通过参数 VARI 不同的数值来定义槽的加工类型，如图 2-61 所示，需要说明的是当 VARI＝1～8 时，RCO1、RCO2、RCI1、RCI2 表示倒角；当 VARI＝11～18 时，RCO1、RCO2、RCI1、RCI2 表示半径。

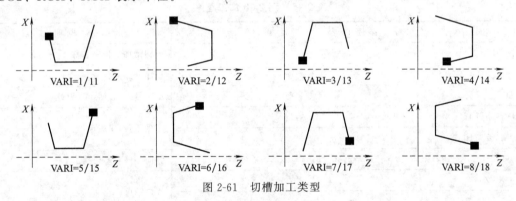

图 2-61　切槽加工类型

（3）走刀路线

以纵向外部切槽为例，CYCLE93 指令的走刀路线如图 2-62 所示，具体步骤如下。

◎ 刀具定位至循环起点后，沿深度方向（X 轴方向）切削，每次切深 IDEP 指令值后，回退 1mm 后再次切深，如此循环直至切深距轮廓为 FAL1 指令值处，X 向快退至循环起点 X 坐标处。

◎ 刀具沿 Z 方向平移，重复以上动作，直至 Z 方向切出槽宽。

◎ 分别用刀尖（A 点和 B 点）对左右槽侧各进行一次槽侧的粗切削，槽侧切削后各留 FAL2 值的精加工余量。

◎ 用刀尖（B 点）沿轮廓 CD 进行精

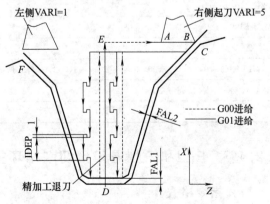

图 2-62　指令 CYCLE93 走刀路线

加工并快速退回 E 点，然后用刀尖（A 点）沿轮廓 FD 进行精加工并快速退回 E 点。

◎ 退回循环起点，完成全部切槽动作。

（4）指令的应用

例 2-16 用 CYCLE93 指令编写如图 2-63 所示工件的切槽程序，具体程序见表 2-15。

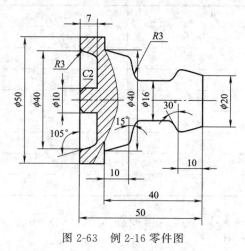

图 2-63 例 2-16 零件图

表 2-15 例 2-16 加工程序

程 序 内 容	程 序 说 明
QC1. MPF	外圆槽加工程序名称
G90 G94 G40 G71	程序开始部分
T1D1	换 1 号刀,激活 1 号刀补
M03 S400 F100	主轴正转,快速定位
G0 X27 Z−10	
CYCLE93(25,−10,14.86, 4.5, 165.95,30,15,3,3,3,3,0.2,0.3,3,1,5)	纵向外部右端切槽加工
G74 X0 Z0	程序结束
M30	
QC2. MPF	端面槽加工程序
G90 G94 G40 G71	程序开始部分
T2D1	换 2 号刀,激活 1 号刀补
M03 S400 F100	主轴正转,快速定位
G0 X40 Z2	
CYCLE93(10,0,12.12,7,90, 0,15,−2,0,3,3,0.2,0.3,3,1,8)	横向外部右端切槽加工
G74 X0 Z0	程序结束
M02	

2.2.4.3 E 型和 F 型退刀槽切削循环指令 CYCLE94

（1）指令格式

CYCLE94（SPD，SPL，FORM）

使用指令 CYCLE94，可以按 DIN509 标准（为德国国家标准）进行形状为 E 和 F 的退刀槽切削，槽宽和槽深等参数均采用标准尺寸，加工时只需确定槽的位置即可。该指令要求成品直径大于 3mm。指令中各参数的定义如图 2-64 和图 2-65 所示，各参数的具体含义见表 2-16。

表 2-16 CYCLE94 参数

参数符号	参数类型	参数含义
SPD	实数	横向坐标轴起始点，直径值（无符号输入）
SPL	实数	纵向坐标轴起始点（无符号输入）
FORM	字符	槽形状的定义，其值为 E 或 F，E 表示 E 型退刀槽，F 表示 F 型退刀槽

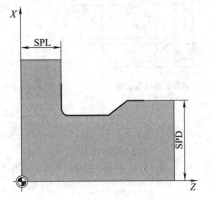

图 2-64 CYCLE94 起始点参数图

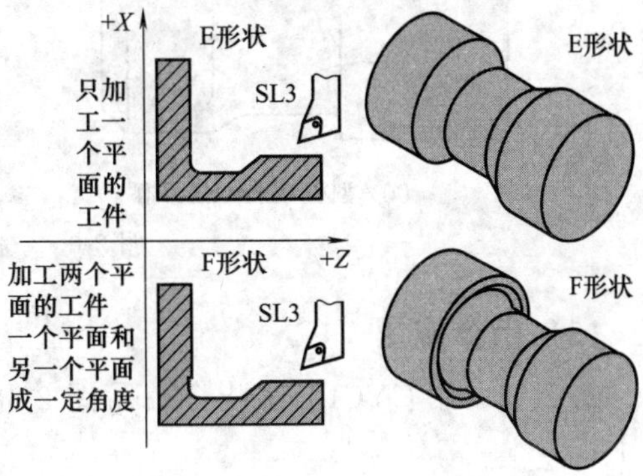

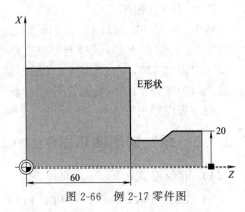

图 2-65 E 型和 F 型退刀槽

（2）指令应用

例 2-17 用 CYCLE94 指令编写如图 2-66 所示工件的 E 型退刀槽加工程序，加工程序如下：

QC2. MPF （程序名）

T1 D1 S300 M3 G95 F0.3（技术值定义）

G0 G90 Z100 X50（选择起始位置）

CYCLE94（20，60，"E"）（循环调用）

G90 G0 X50 Z100（返回下一个位置）

M2（程序结束）

图 2-66 例 2-17 零件图

2.2.4.4 螺纹退刀槽切削循环指令 CYCLE96

（1）指令格式

CYCLE96（DIATH，SPL，FORM）

使用指令 CYCLE96，可以根据 DIN76 标准的要求，加工出公制 ISO 螺纹的退刀槽。槽宽和槽深等参数均采用标准尺寸，加工时只需确定螺纹的公称直径及槽的纵向位置即可。指令中各参数的具体含义见表 2-17。

A 型和 B 型螺纹退刀槽用于外螺纹加工，如图 2-67（a）所示，A 型适用于一般的螺纹收尾，B 型适用于较短的螺纹收尾。C 型和 D 型螺纹退刀槽用于内螺纹加工，如图 2-67（b）所示，C 型适用于一般的螺纹收尾，D 型适用于较短的螺纹收尾。

表 2-17 CYCLE94 参数

参数符号	参数类型	参数含义
DIATH	实数	螺纹的公称直径
SPL	实数	纵向坐标轴起始点(无符号输入)
FORM	字符	形状定义,其值:A(A 型)B(B 型)C(C 型)D(D 型)退刀槽

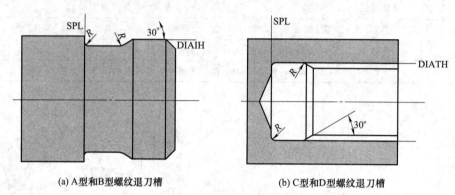

(a) A型和B型螺纹退刀槽 (b) C型和D型螺纹退刀槽

图 2-67 螺纹退刀槽的形状

(2) 指令应用

例 2-18 用 CYCLE96 指令编写图 2-68 所示工件的 A 型螺纹退刀槽加工程序,具体如下:

螺纹退刀槽加工程序:

QC3. MPF (程序名)

D3 T1 S300 M3 G95 F0.3 (技术值定义)

G0 G90 Z100 X50 (选择起始位置)

CYCLE96 (40,60,"A") (切削螺纹退刀槽)

G90 G0 X30 Z100 (接近下一个位置)

M2 (程序结束)

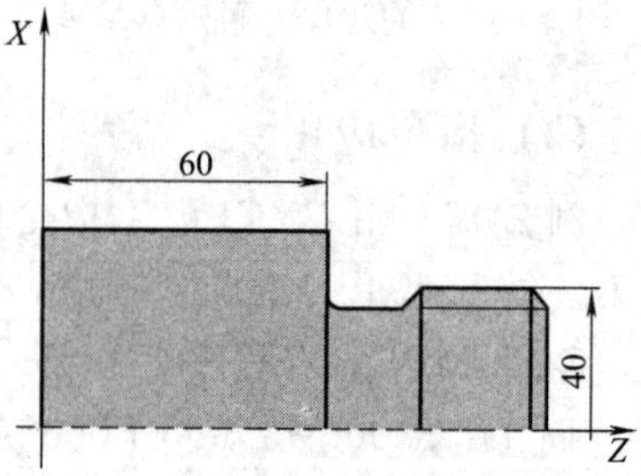

图 2-68 例 2-18 零件图

2.2.4.5 螺纹切削循环指令 CYCLE97

(1) 指令格式

CYCLE97 (PIT, MPIT, SPL, FPL, DM1, DM2, APP, ROP, TDEP, FAL, IANG, NSP, NRC, NID, VARI, NUMT)

CYCLE97 螺纹切削循环可以加工圆柱外螺纹、圆柱内螺纹、圆锥外螺纹、圆锥内螺纹。另外除了加工单头螺纹外,还能加工多头螺纹。螺纹的旋向由主轴的旋转方向决定。指令中各参数的具体含义见表 2-18。

表 2-18 CYCLE97 参数

参数符号	参数类型	参数含义
PIT	实数	螺距,作为数值(无符号输入)
MPIT	实数	由螺纹尺寸表示螺距,取值范围 3～60,即 M3～M60
SPL	实数	螺纹起始点的纵坐标

参数符号	参数类型	参 数 含 义
FPL	实数	螺纹终点的纵坐标
DM1	实数	起始点的螺纹直径
DM2	实数	终点的螺纹直径
APP	实数	空刀导入量(无符号输入)
ROP	实数	空刀退出量(无符号输入)
TDEP	实数	螺纹深度(无符号输入)
FAL	实数	精加工余量,指半径值(无符号输入)
IANG	实数	切入进给角:"+"表示沿侧面进给,"—"表示交错进给
NSP	实数	首圈螺纹的起始点偏移(无符号输入,角度值)
NRC	整数	粗加工切削数量(无符号输入)
NID	整数	停顿时间(无符号输入)
VARI	整数	螺纹的加工类型,取值范围1~4
NUMT	整数	螺纹线数(无符号输入)

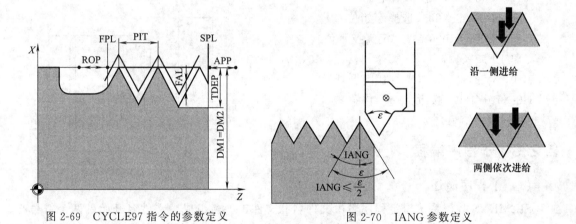

图 2-69 CYCLE97 指令的参数定义　　　　　图 2-70 IANG 参数定义

(2) 参数选择

CYCLE97 中各参数的定义如图 2-69 所示。其中 PIT 表示的实际螺距的大小,是一个无符号的数值。要获得公制的圆柱螺纹,也可以通过参数 MPIT 定义,MPIT 表示螺纹公称直径的大小,其螺距的大小由普通粗牙螺纹的尺寸确定（如 MPIT＝10,表示螺距为 1.5）。

DM1 和 DM2 用来定义螺纹起始点和终点的螺纹直径,如果是内螺纹,则是孔的直径。

SPL 表示螺纹起始点纵坐标,FPL 表示螺纹终点纵坐标。但是,循环中使用的起始点是由空刀导入量 APP 产生的起始点,而终点是由空刀退出量 ROP 返回的编程终点。空刀导入量 APP 通常取（2~3）P（螺距）,空刀退出量 ROP 通常取（1~2）P。在横向轴中,循环定义的起始点始终比编程的螺纹直径大 1mm,此退回平面在系统内部自动产生。

TDEP 表示螺纹深度,取值与 DM 参数有关,当 DM 取基本直径时,TEDP 通常取 1.3P。

IANG 定义螺纹的切入角,如果要以合适的角度进行螺纹切削,此参数的值必须设为零。如果要沿侧面切削，此参数的绝对值必须设为刀具侧面角的一半值，如图 2-70 所示。进给的执行是通过参数的符号定义的。如果是正值，进给始终在同一侧面执行，如果是负值，在两个侧面分别执行。在两侧交替的切削类型只适用于圆螺纹。如果用于锥形螺纹的 IANG 值虽然是负，但是循环只沿一个侧面切削。

参数 VARI 定义螺纹加工的类型，见表 2-19。

表 2-19　螺纹加工类型

加工类型	外部/内部	进 给 方 式
1	外部	恒定深度进给
2	内部	恒定深度进给
3	外部	恒定切削截面积进给
4	内部	恒定切削截面积进给

（3）指令应用

例 2-19　用 CYCLE97 指令编写图 2-71 所示工件的螺纹的加工程序，具体如下：

QC5. MPF（程序名）

T1D2 S500 M3（技术值定义）

G0 G90 Z100 X60（选择起始位置）

G95 D1 T1 S1000 M4（定义技术值）

CYCLE97（42，0，－35，42，42，10，3，1.23，0，30，0，5，2，3，1）（螺纹切削循环）

G0 X70 Z160（接近下一个位置）

M2（程序结束）

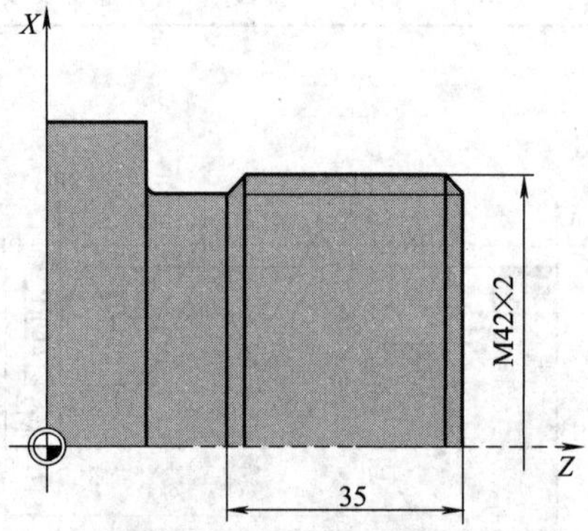

2.2.5　子程序编程

图 2-71　例 2-19 零件图

（1）子程序概述

SIEMENS 数控系统规定程序名由文件名和文件扩展名组成。文件名开始的两个符号必须是字母，其后的符号可以是字母、数字、下划线，程序名最多为 16 个字符。扩展名有两种，即".MPF"和".SPF"，其中".MPF"表示主程序，例如 SLEEVE7.MPF；".SPF"表示子程序，例如 SAS.SPF。另外，子程序中还可以使用地址字"L"加数字来命名，数字可以有 7 位（只能为整数），而且数字中的每个零均有意义，不可省略。例如 L128 并非 L0128 或 L00128！以上表示 3 个不同的子程序。

与 FANUC 系统相比，SIEMENS 系统的子程序结束语句有所不同，通常用 M2 指令或 RET 指令结束，而且 RET 要求占用一个独立的程序段。

（2）子程序的调用

在一个程序中（主程序或子程序）可以直接用程序名调用子程序。子程序调用要求占用一个独立的程序段。例如：

N10 L785；表示调用子程序 L785

N20 WELLE7；表示调用子程序 WELLE7

如果要求多次连续地执行某一子程序，则在编程时必须在所调用子程序的程序名后写上调用次数 P＿，最大次数可以为 9999（P1～P9999）。例如：

N10 L785 P3；调用子程序 L785，调用 3 次

（3）子程序的应用

例 2-20 用子程序功能编制图 2-72 所示手柄零件外形槽的加工程序（切槽刀刀宽为 2mm，刀位点为左刀尖），加工程序见表 2-20。

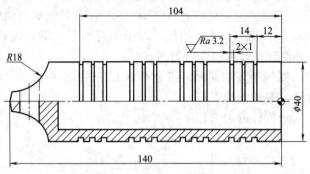

图 2-72 例 2-20 零件图

表 2-20 例 2-20 加工程序

程序内容	程序说明
ABC111. MPF；	主程序 ABC111. MPF
G90 G94 G40 G71；	程序开始部分
T1D1；	换 1 号刀,激活 1 号刀补
M03 S600 F100；	主轴正转
G0 X41 Z−104；	刀具快速接近工件
ABC222 P4；	调用子程序 ABC222,调用 4 次
G90 G00 X100 Z100；	退刀
M30；	主程序结束
ABC222. SPF；	子程序 ABC222. SPF
ABC333 P3；	调用子程序 ABC333,调用 3 次
G01Z8；	刀具向轴正向平移 8mm
RET；	子程序 ABC222. SPF 结束
ABC333. SPF；	子程序 ABC333. SPF
G91 G01 X−3；	刀具向 X 轴负向进刀 3mm
X3；	刀具向 X 轴正向退刀 3mm
Z6；	刀具向轴正向平移 6mm
RET；	子程序 ABC333. SPF 结束

习　　题

1. 数控车床建立工件坐标系的方法有哪些?

2. FANUC 系统粗车循环指令有哪些？在实践生产中如何选择？

3. 简述 FANUC 系统粗车循环指令 G71 的指令格式、参数含义以及参数的选择方法。

4. 简述 FANUC 系统粗车循环指令 G73 的指令格式、参数含义以及参数的选择方法。

5. FANUC 系统切槽的方法有哪些？

6. FANUC 系统螺纹切削指令有哪些？在实践生产中如何选择？

7. 什么是子程序？子程序与主程序有何区别？FANUC 系统如何调用子程序？

8. FANUC 系统与 SIEMENS 系统相比，对于绝对编程与增量编程、公制编程与英制编程、直径编程与半径编程的设置指令有何区别？

9. 简述 SIEMENS 系统毛坯切削循环指令 CYCLE95 的指令格式及参数含义。

10. 编制图 2-73 所示零件的加工程序。

11. 编制图 2-74 所示零件的加工程序。

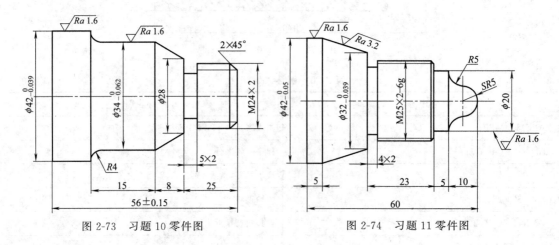

图 2-73　习题 10 零件图　　　　图 2-74　习题 11 零件图

12. 编制图 2-75 所示零件的加工程序。

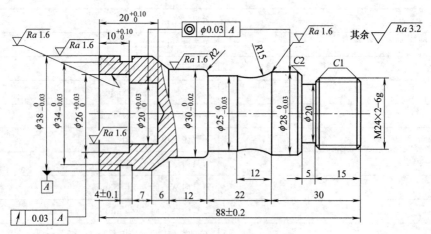

图 2-75　习题 12 零件图

13. 编制图 2-76 所示零件的加工程序。

14. 编制图 2-77 所示零件的加工程序。

15. 编制图 2-78 所示零件的加工程序。

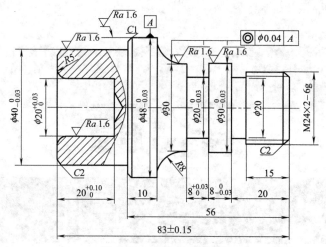

图 2-76 习题 13 零件图

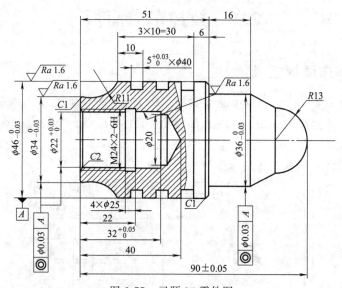

图 2-77 习题 14 零件图

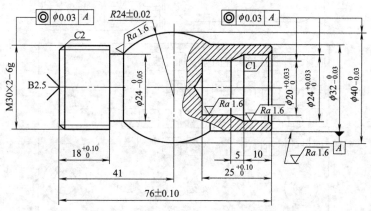

图 2-78 习题 15 零件图

第3章
数控车床操作

3.1 数控车床面板

3.1.1 数控车床面板组成

本章以 FANUC 0i 系统 CAK6142 型数控车床为例来介绍数控车床的操作方法。数控车床的操作都是在机床面板上完成的，机床面板由 CRT 显示器、系统操作面板和机床控制面板三部分组成，如图 3-1 所示。其中系统操作面板由 FANUC 公司统一提供，机床控制面板由机床厂设计，因此不同的机床厂家生产的机床操作面板不尽相同。

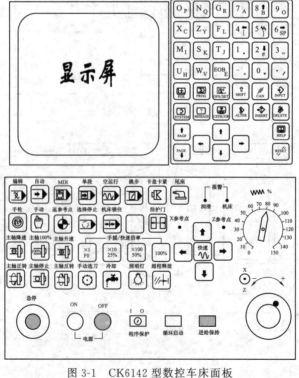

图 3-1　CK6142 型数控车床面板

3.1.2 数控车床系统操作面板

数控系统操作面板主要用于控制程序的输入与编辑，同时显示机床的各种参数设置和工作状态，如图 3-2 所示。各按钮的含义见表 3-1 中的具体说明。

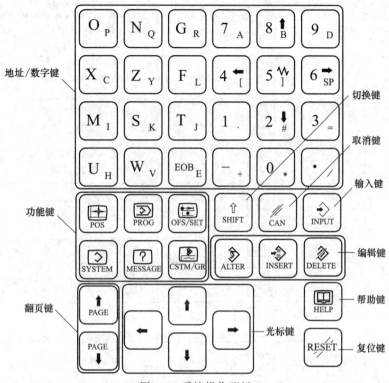

图 3-2 系统操作面板

表 3-1 FANUC Series 0i Mate-TC 系统操作面板按钮功能

序号	名称	按钮符号	按钮功能
1	复位键	RESET	按下此键可使 CNC 复位，消除报警信息
2	帮助键	HELP	按此键用来显示如何操作机床，如 MDI 键的操作。可在 CNC 发生报警时提供报警的详细信息
3	软键		根据其使用场合，软键有各种功能。软键功能显示在 CRT 屏幕的底端
4	地址/数字键		按这些键可以输入字母、数字及其他符号
5	切换键	SHIFT	在有些键的顶部有两个字符，按此键和字符键，选择下端小字符

续表

序号	名称	按钮符号	按钮功能
6	输入键	INPUT	将数据域中的数据输入到指定的区域
7	取消键	CAN	用于删除已输入到键入缓冲区的数据。例如，当显示键入缓冲区数据为：N001X100Z 时按此键，则字符 Z 被取消，并显示：N1001X100
8	编辑键	ALTER	用输入的数据替代光标所在的数据
9	编辑键	INSERT	把输入域之中的数据插入到当前光标之后的位置
10	编辑键	DELETE	删除光标所在的数据，或者删除一个数控程序或者删除全部数控程序
11	功能键	POS	在 CRT 中显示坐标值
11	功能键	PROG	CRT 将进入程序编辑和显示界面
11	功能键	OFS/SET	CRT 将进入参数补偿显示界面
11	功能键	SYSTEM	系统参数显示界面
11	功能键	MESSAGE	信息显示界面
11	功能键	CSTM/GR	在自动运行状态下将数控显示切换至轨迹模式
12	光标移动键	↑ ← ↓ →	移动 CRT 中的光标位置。软键 ↑ 实现光标的向上移动；软键 ↓ 实现光标的向下移动；软键 ← 实现光标的向左移动；软键 → 实现光标的向右移动
13	翻页键	PAGE ↑ / PAGE ↓	软键 PAGE ↑ 实现左侧 CRT 中显示内容的向上翻页；软键 PAGE ↓ 实现左侧 CRT 显示内容的向下翻页

3.1.3 数控车床控制面板

机床控制面板如图 3-3 所示，主要用于选择机床的工作模式以及控制机床进行相应的动作，各按钮的含义见表 3-2 中的具体说明。

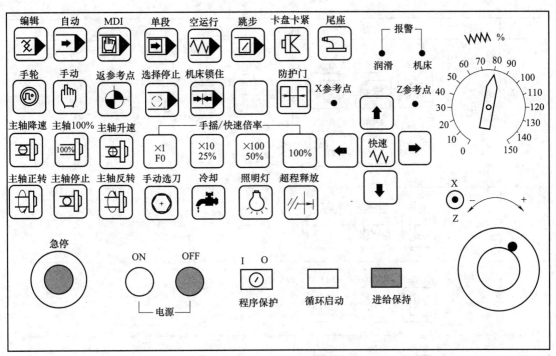

图 3-3 机床控制面板

表 3-2 CK6142 数控车床控制面板按钮功能

序号	名称	符号	功能
1	系统开关	ON OFF 电源	按下绿色按钮 ON,启动数控系统; 按下红色按钮 OFF,关闭数控系统
2	急停按钮	急停	在机床操作过程中遇到紧急情况时,按下此按钮使机床动作立即停止,并且所有的输出如主轴的转动等都会关闭。按照按钮上的旋向旋转该按钮使其弹起来消除急停状态
3	机床锁	I O 程序保护	对存储的程序起保护作用,当程序锁锁上后,不能对存储的程序进行任何操作
4	循环启动 进给保持	循环启动 进给保持	循环启动:在“自动”或“MDI”模式下,按下此按钮可以运行程序 进给保持:程序自动运行过程中按下进给保持按钮,暂停执行程序。按下循环启动按钮,程序继续运行

序号	名称	符号	功能
5	工作模式	编辑 自动 MDI 手轮 手动 返参考点	编辑:进入编辑模式,用于直接通过操作面板输入数控程序和编辑程序 自动:进入自动加工模式,可以运行程序进行加工 MDI:进入手动数据输入模式,可以手动输入指令并执行 手轮:进入手轮模式,通过手轮控制机床坐标轴的运动 手动:进入手动模式,通过按下面板的坐标轴按钮来控制机床运动 返参考点:进入回零模式,机床必须首先执行回零操作,然后才可以运行
6	主轴控制	主轴正转 主轴停止 主轴反转	按住各按钮,主轴正转/反转/停转
7	主轴倍率调节	主轴降速 主轴100% 主轴升速	调节主轴转速倍率,从而对进行主轴加减速控制,调节范围为 0～150%
8	运行方式	单段 空运行 跳步 机床锁住	单段:按此按钮运行程序,每次只执行一个程序段 空运行:系统进入空运行状态,可与机床锁定配合使用,主要用于验证刀具轨迹 跳步:当此按钮按下时程序中的"/"有效 机床锁住:按下此按钮,机床被锁定而无法移动
9	手摇/快速倍率	手摇/快速倍率 ×1 ×10 ×100 100% F0 25% 50%	旋钮可以调节机床快速进给的速度倍率,有四挡倍率即 F0,25%,50%和 100% 旋钮还可以控制手轮的进给倍率,有×1、×10、×100 三种,分别代表手轮摇动一圈坐标轴的移动量为 0.001mm、0.01mm、0.1mm
10	选择停止	选择停止	当此按钮按下时,程序中的"M01"代码有效
11	防护门开关	防护门	用于开关机床防护门
12	冷却	冷却	打开冷却液
13	照明	照明灯	当此按钮按下时,照明灯打开

序号	名称	符号	功能
14	超程释放	超程释放	当屏幕显示超程报警时,按下此按钮解除超程
15	卡盘/尾座	卡盘卡紧 尾座	卡盘按钮用于控制卡盘松开或夹紧,以便装夹工件;尾座按钮用于控制尾座的移动
16	进给轴选择	快速	在"手动连续"模式下,按住各按钮,向X−/X+/Z−/Z+方向移动机床。如果同时按住中间快速按钮和相应各轴按钮,则实现该方向上的快速移动
17	进给倍率调节		旋转旋钮在不同的位置,调节手动操作或数控程序自动运行时的进给速度倍率,调节范围为0~150%
18	手轮		在"手轮"模式下,通过选择 X 或 Z 进给轴,然后正向或反向摇动手轮手柄实现该轴方向上的正向或反向移动,手轮进给倍率有×1、×10、×100 三种,分别代表移动量为 0.001mm、0.01mm、0.1mm

3.2 数控车床基本操作

3.2.1 开机与关机

(1) 开机

首先将"机床开关"旋至"ON"状态,然后点击机床控制面板上的"电源开关 ON",启动数控系统,同时将急停按钮弹起,以便使机床进入正常工作模式。

（2）关机

首先按下急停按钮，然后点击机床控制面板上的"电源开关 OFF"，最后将"机床开关"旋至"OFF"状态，完成关机操作。

3.2.2 手动操作

3.2.2.1 返回参考点

◎ 点击机床控制面板上的"⊞参考点"按钮，进入回参考点工作模式。

◎ 点击进给轴按钮上的 X＋"⬇"和 Z＋"➡"，使刀具在 X、Z 轴方向返回参考点。

◎ "X 参考点"和"Z 参考点"指示灯亮，表示刀具已经返回参考点。

注意：在返回参考点的过程中若出现超程报警，则消除报警的步骤如下：

◎ 点击机床控制面板上的"⊞手动"按钮，进入手动工作模式；

◎ 点击超程释放按钮"⊞超程释放"，然后按住与超程方向相反的坐标轴方向按钮"◀⊞▶"移动机床来消除报警。

3.2.2.2 移动机床坐标轴

◎ 点击机床控制面板上的"⊞手动"按钮，进入手动工作模式。

◎ 一直按住进给轴方向按钮 X＋"⬇"、X－"⬆"、Z＋"➡"、Z－"◀"，则机床以系统设置好的速度向相应方向运动，当松开按钮，则机床停止运动。

◎ 移动坐标轴过程中，若同时按住快速移动开关"⊞"和进给轴方向按钮，则机床快速向相应方向运动。

◎ 坐标轴移动速度也可通过快速倍率按钮"⊞手摇/快速倍率⊞"来调节，调节范围为 F0、25％、50％和 100％。

3.2.2.3 手轮进给操作

◎ 点击机床控制面板上的"⊞手轮"按钮，进入手轮工作模式。

◎ 通过按钮"⊙"选择手轮操作的进给轴。

◎ 通过手轮倍率按钮"⊞手摇/快速倍率⊞"选择手轮进给倍率，有×1、×10、×100 三种，分别代表手轮摇动一圈，相应坐标轴的移动量为 0.001mm、0.01mm、0.1mm。

◎ 正向或反向摇动手轮"⊚"手柄，实现各坐标轴方向上的运动。

3.2.2.4 主轴旋转控制

◎ 点击机床控制面板上的"⊞手动"或"⊞手轮"按钮，机床进入手动或手轮工作模式。

◎ 点击按钮"⊞主轴正转"主轴正转，点击按钮"⊞主轴反转"主轴反转，点击按钮"⊞主轴停止"主轴停转。

◎ 主轴旋转过程中，点击按钮"⊞主轴升速"主轴转速增加，点击按钮"⊞主轴降速"主轴转速降低，点击按钮"⊞主轴100%"主轴转速不变。

3.2.3 程序的编辑与管理

3.2.3.1 新建程序

◎ 点击机床控制面板上的"![编辑]"按钮，机床进入程序编辑工作模式。

◎ 点击系统操作面板上的功能键"![PROG]"，进入程序界面。

◎ 输入程序号如 O1111，然后点击编辑键"![INSERT]"则进入新程序输入界面。

◎ 通过地址/数字键输入程序，上下档字符通过"![SHIFT]"进行切换，输入过程中点击取消键"![CAN]"可删除缓存中的字符，程序段结尾点击"![EOB]"输入分号，每个程序段输入完成后点击编辑键"![INSERT]"。

3.2.3.2 查看程序

◎ 点击机床控制面板上的"![编辑]"按钮，机床进入程序编辑工作模式。

◎ 点击系统操作面板上的功能键"![PROG]"显示程序界面，点击软键"LIB"进入机床程序目录。

◎ 点击光标移动键"![↑]"、"![↓]"、"![←]"、"![→]"实现光标向上、向下、向左、向右移动，点击翻页键"![PAGE↑]"、"![PAGE↓]"实现向前、向后翻页，从而方便地查询机床中的程序信息。

3.2.3.3 编辑程序

◎ 点击机床控制面板上的"![编辑]"按钮，机床进入程序编辑工作模式。

◎ 点击系统操作面板上的功能键"![PROG]"，输入程序号如 O2222，进入要编辑的程序界面。

◎ 若要插入一个程序字，例如在 G00 后插入 G42：将光标移动到 G00 处，输入 G42，然后点击功能键"![INSERT]"则 G42 被插入。

◎ 若要替换一个程序字，例如将 X20.0 修改为 25.0：将光标移动到 X20.0 处，输入 X25.0，然后点击功能键"![ALTER]"则 X20.0 被修改为 X25.0。

◎ 若要删除一个程序字，例如将 Z56.0 删除：将光标移动到 Z56.0 处，点击功能键"![DELETE]"，则 Z56.0 被删除。

3.2.3.4 删除程序

◎ 点击机床控制面板上的"![编辑]"按钮，机床进入程序编辑工作模式。

◎ 点击系统操作面板上的功能键"![PROG]"显示程序界面。

◎ 输入要删除的程序号例如 O0005，点击删除键"![DELETE]"，则程序 O0005 被删除。

3.2.4 程序的运行

3.2.4.1 自动运行

◎ 打开需要执行的程序，点击系统面板上的复位键"![RESET]"，使光标移动至程序头位置。

◎ 点击机床控制面板上的""按钮，机床进入自动运行工作模式。

◎ 点击机床控制面板上的循环启动按钮"□"，自动运行程序加工零件。

3.2.4.2 单段运行

◎ 打开需要执行的程序，点击系统面板上的复位键"RESET"，使光标移动至程序头位置。

◎ 点击机床控制面板上的"□"按钮，机床进入单段运行工作模式。

◎ 点击一次循环启动按钮"□"，运行一个程序段；反复点击循环启动按钮"□"，直到整个程序运行完成。

3.2.4.3 空运行

◎ 打开需要执行的程序，点击系统面板上的复位键"RESET"，使光标移动至程序头位置。

◎ 点击机床控制面板上的"□"按钮，机床进入自动运行工作模式。

◎ 同时按下机床控制面板上的机床锁住按键"□"和空运行按键"□"，机床进入锁紧状态。

◎ 点击启动按钮"□"自动运行程序，由于机床被锁住，因此没有运动，但是显示屏上显示各轴位置的变化。

◎ 为了检验刀具运行轨迹，按下系统面板上的功能键"□"和图形软键"〔GRAPH〕"，则屏幕上显示刀具轨迹。

3.3 对 刀

对刀就是建立工件坐标系与机床坐标系之间关系的过程。实际生产过程中，对刀方法很多，其中试切法应用最为普遍。假设工件原点位于工件右端面中心，下面具体介绍试切法对刀过程。

3.3.1 单把刀具对刀

① 手动安装工件和刀具，机床开机，回参考点。

② Z方向对刀。

◎ 点击机床控制面板上的"□"按钮，进入手动工作模式；点击按钮"□"主轴正转；按住进给轴按钮X—"□"和Z—"□"，使刀具接近工件。

◎ 点击机床控制面板上的"□"按钮，进入手轮工作模式；摇动手轮手柄平端面，然后保证Z轴坐标不变，刀具沿X轴退出，如图3-4所示。

◎ 反复点击系统面板上的功能键"□"直到出现坐标系窗口，将光标移动至工件坐标系G54的Z位置，输入"Z0."，然后点击屏幕下方的"【测

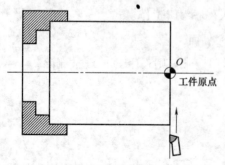

图 3-4 车削端面

量】"软键，从而完成 Z 轴对刀值的存储，如图 3-5 所示。

◎ 对刀值也可存储在刀具偏置列表中，反复点击功能键"⊡"直到出现刀具补正窗口，将光标移动至相应补偿寄存器中的 Z 位置，输入"Z0."后点击软键"【测量】"，从而完成 Z 轴对刀值的存储，如图 3-6 所示。

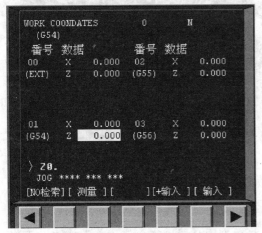

图 3-5　Z 轴对刀值存入 G54

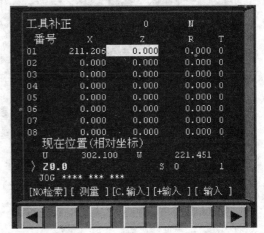

图 3-6　Z 轴对刀值存入刀偏列表

③ X 方向对刀。

◎ 点击机床控制面板上的"⊙"按钮，进入手轮工作模式；摇动手轮手柄车削外圆，然后保证 X 轴坐标不变，刀具沿 Z 轴退出，如图 3-7 所示。

◎ 点击按钮"⊡"主轴停转。

◎ 用卡尺测量已切削过的外圆直径 D。

◎ 反复点击系统面板上的功能键"⊡"直到出现坐标系窗口，将光标移动至工件坐标系 G54 的 X 位置，输入"X+直径值"例

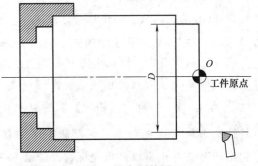

图 3-7　车削外圆

如"X85.727"，然后点击屏幕下方的"【测量】"软键，完成 X 轴对刀值的存储，如图 3-8 所示。

◎ 对刀值也可存储在刀具偏置列表中，反复点击功能键"⊡"直到出现刀具补正窗口，将光标移动至相应补偿寄存器中的 X 位置，输入"Z0."后点击"【测量】"软键，从而完成 X 轴对刀值的存储，如图 3-9 所示。

3.3.2　多把刀具对刀

数控车削加工过程中经常用到多把刀具，由于各刀具的几何形状和尺寸不尽相同，因此需要对每把刀进行对刀操作，具体过程如下。

① 手动安装工件和所有刀具，机床开机，回参考点。

② 选择其中一把刀具（例如 T01）为标准刀具，按 3.3.1 的过程进行对刀，将对刀数值存储在工件坐标系 G54 中。

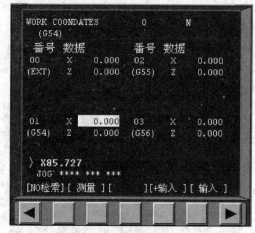

图 3-8　X 轴对刀值存入 G54

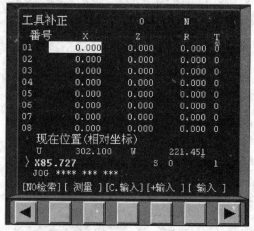

图 3-9　X 轴对刀值存入刀偏列表

③ 任意选择一把其他刀具（例如 T02）进行对刀，Z 向对刀步骤如下。

◎ 点击机床控制面板上的"$\boxed{}$"按钮，进入手动数据输入模式；点击系统操作面板上的功能键"$\boxed{}$"显示程序界面，输入"T0101"，将标准刀具置于当前位置；选择手动工作模式，移动刀架使标准刀具接近工件；选择手轮模式，摇动手轮手柄使标准刀具轻轻接触工件端面，保持 Z 轴位置不变。

◎ 点击系统面板上的坐标显示"$\boxed{}$"键，按"【相对】"软键，屏幕显示相对坐标值，将 W 数值清零，然后在手动模式下将刀具退出。

◎ 在 MDI 模式下将选定刀具 T02 置于当前加工位置；手动模式下使选定刀具接近工件，手轮模式下使刀具轻轻接触工件同一端面，保持 Z 轴位置不变。

◎ 点击"$\boxed{}$"和"【相对】"键显示相对坐标值，读取此时的 W 相对坐标值，该数值就是选定刀具 T02 相对于标准刀具 T01 的在 Z 轴方向的长度差值；反复点击功能键"$\boxed{}$"直到出现刀具补正窗口，将光标移动至 2 号补偿寄存器中的 Z 位置，输入 W 坐标值，从而完成 Z 轴对刀值的存储。

◎ 重复上述过程，即用标准刀具 T01 接触零件外圆，保持 X 轴不变并将当前相对坐标 U 清零；用选定刀具 T02 接触相同的外圆位置，读取此时的 U 相对坐标值，该数值即为选定刀具 T02 相对于标准刀具 T01 的在 X 轴方向的长度差值，把这个数值输入到形状补偿界面中 2 号补偿寄存器的 X 位置。

④ 注意事项。

◎ 也可以不设置标准刀具，每把刀具依次对刀，将对刀值依次存储在刀具偏置列表中即可。

◎ 其他刀具（除基准刀具外）进行 Z 轴对刀时，不能再重新车削端面，以免造成各把刀具 Z 轴零点不重合。

◎ 其他刀具对刀过程中，当刀具接近工件时要调整进给倍率，使刀具慢慢接近工件，以保证对刀精度。

◎ 对刀完成后，应在 MDI 模式下编写一段程序来验证对刀结果，若刀具存在对刀误差，可以通过修正刀偏值来补偿。

习 题

1. 数控车床的程序运行模式有几种？每种模式的应用情况如何？
2. 如何消除机床的急停状态？
3. 以图 3-10 所示零件为例，分析其加工过程中所用的刀具及对刀情况。

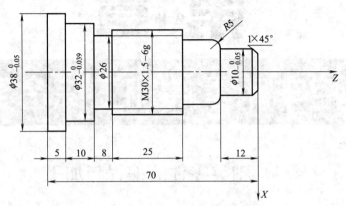

图 3-10 习题 3 零件图

4. 以图 3-11 所示零件为例，分析其加工过程中所用的刀具及对刀情况。

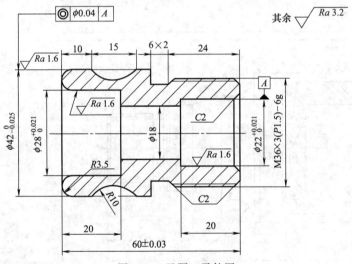

图 3-11 习题 4 零件图

第4章

数控车床零件加工综合实例

4.1 轴类零件的编程与加工

4.1.1 阶梯轴的加工要求

如图 4-1 所示轴类零件，材料为 45 钢，要求对零件进行工艺设计并编制加工程序，然后在机床上进行加工。

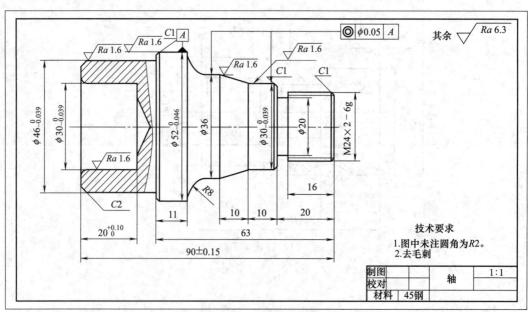

图 4-1 轴类零件

4.1.2 阶梯轴的工艺设计

4.1.2.1 零件图分析

该零件主要由圆柱面、圆锥面、圆弧面、沟槽、螺纹、倒角、内孔等几种表面组成，其

中左端 $\phi 46_{-0.039}^{0}$ 外圆、$\phi 52_{-0.046}^{0}$ 外圆、$\phi 30_{-0.039}^{0}$ 内孔和右端 $\phi 30_{-0.039}^{0}$ 外圆的尺寸精度和表面粗糙度要求较高,尺寸精度最高为 IT8 级,表面粗糙度最高为 $Ra1.6$;零件材料为 45 钢,无热处理和硬度要求。通过上述分析,可以看出整个零件图尺寸标注完整,轮廓及各类技术要求描述清楚。

4.1.2.2 选择毛坯

(1) 毛坯类型的选择

生产过程中,轴类零件常见的毛坯种类主要有锻件、铸件和圆钢。轴类零件材料为中碳调质钢或合金结构钢,工作过程中需要承受重载或冲击载荷,且要求耐磨性较高,这时毛坯多采用锻件;具有异形断面或弯曲轴线的轴如凸轮轴、曲轴等,毛坯常选用球墨铸件;性能要求一般且各轴段尺寸相差不大的直轴,毛坯可直接选用圆钢。图 4-1 所示零件为阶梯直轴,零件材料为 45 钢,没有特殊的性能要求,而且最大直径 $\phi 52_{-0.046}^{0}$,最小直径 $\phi 20$,各轴段尺寸相差不大,故选择圆钢直接切削加工。

(2) 毛坯规格的选择

确定毛坯规格时,一方面要保证加工余量足够,以满足加工要求;另一方面从经济性角度出发,要求余量尽量小,以便降低材料成本和加工成本。该零件最大直径为 $\phi 52_{-0.046}^{0}$,最大长度 90,同时考虑到圆钢的实际规格,确定毛坯尺寸规格为 $\phi 55mm \times 100mm$。

4.1.2.3 选择加工设备

表 4-1 CK6142 数控车床主要技术参数

部件名称	规 格	参 数
加工范围	床身上最大回转直径	420mm
	刀架上最大工件回转直径	200mm
	最大工件长度	1000mm
	最大车削长度	850mm
	床身导轨宽度	400mm
主轴	主轴前端部形式	C6 号
	主轴通孔直径	58
	主轴孔前端锥度	公制 63
	主轴顶尖锥度	莫氏 5 号
	主轴转速范围(四段无级)	27.5~2200r/min
进给	X/Z 向最小进给增量	0.0005/0.001mm
	X/Z 向快移速度	4000/8000mm
	X 向最大行程	300mm
刀架	刀架规格尺寸	180mm×180mm
	刀具截面尺寸	25mm×25mm
	自动刀架工位数	4
尾座	尾座套筒直径	75mm
	尾座套筒行程	150mm
	顶尖套筒前孔锥度	莫氏 5 号
其他	主电动机功率	7.5kW
	机床质量	2500kg
	油缸工作压力	1.0~1.5MPa
	机床外形尺寸(长×宽×高)	2376mm×1170mm×1660mm

通过对零件图分析可知，该零件为回转体零件，形状简单，且精度指标要求不高，材料加工性能较好，故选择数控车削加工方式即可满足要求。考虑到零件的尺寸规格，同时兼顾车间设备的实际情况，这里选用 CK6142 型数控车床进行加工，车床的数控系统为 FANUC Series 0i Mate-TC，机床具体参数见表 4-1。

4.1.2.4 选择刀具

该零件由圆柱面、圆锥面、圆弧面、沟槽、螺纹、内孔等特征表面组成，因此加工过程中选择 7 把刀具，具体如下。

T01：机夹式 95°硬质合金（YT5）外圆粗车刀，主要用于粗加工外轮廓。

T02：机夹式 95°硬质合金（YT15）外圆精车刀，主要用于精加工外轮廓。

T03：机夹式硬质合金外切槽刀，主要用于加工左端 4mm×2mm 螺纹退刀槽。为了保证沟槽的形状尺寸，该切槽刀的刀片宽度等于螺纹退刀槽的槽宽，即为 4mm；刀片长度大于槽的深度，最大槽深为 2mm，刀片的长度为 10mm。

T04：60°硬质合金外螺纹车刀，主要用于加工 M24×2 的螺纹。

T05：$\phi5$ 中心钻，在加工左端孔过程中，用于手动钻中心孔。

T06：$\phi20$ 钻头，在加工左端孔过程中，用于手动钻孔。

T07：机夹式 93°硬质合金内孔车刀，主要用于加工左端内轮廓，刀杆直径为 15mm。

将所选定的刀具参数填入表 4-2 所示的数控加工刀具卡片中，以便编程和操作管理。

表 4-2 数控加工刀具卡片

产品名称或代号				零件名称	轴类零件	零件图号	×××
序号	刀具号	刀具规格名称	数量	加工表面			备注
1	T01	95°硬质合金外圆粗车刀	1	粗车 $\phi46$、$\phi52$、$\phi36$、$\phi30$ 外圆、$R8$ 圆弧、锥面、螺纹外径及倒角			自动
2	T02	95°硬质合金外圆精车刀	1	精车 $\phi46$、$\phi52$、$\phi36$、$\phi30$ 外圆、$R8$ 圆弧、锥面、螺纹外径及倒角			自动
3	T03	4mm 硬质合金切槽刀	1	加工螺纹退刀槽			自动
4	T04	60°硬质合金螺纹刀	1	加工 M24×2 的螺纹			自动
5	T05	93°硬质合金内孔车刀	1	粗精车 $\phi30$ 内孔			自动
6	T06	$\phi5$ 中心钻	1	手动钻中心孔			手动
7	T07	$\phi20$ 钻头	1	手动钻 $\phi20$ 孔			手动
编制	×××	审核	×××	批准	×××	共 页	第 页

4.1.2.5 确定装夹方案

该零件为规则的回转体，且尺寸不大，因此采用三爪卡盘安装。从零件的结构特点可以看出，加工时需要调头安装。若先加工右端轮廓，则调头后可供装夹的部位只能为 $\phi30_{-0.039}^{0}$ 外圆，但是其长度较短仅为 10mm，且左端轮廓直径相对较大，加工过程中不能保证装夹牢靠。因此先加工零件左端轮廓，调头后装夹 $\phi46_{-0.039}^{0}$ 外圆加工右端。三爪卡盘具有自动定心功能，安装时不需要找正，但是要保证装夹牢靠且加工长度足够，具体如图 4-2 所示。

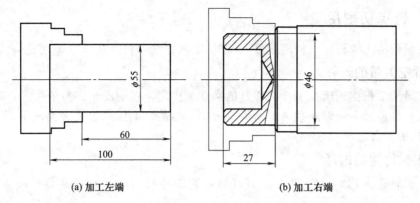

(a) 加工左端　　　　　　　　　　　　(b) 加工右端

图 4-2　装夹方案

4.1.2.6　安排加工顺序

　　加工过程中零件需要调头安装,先加工左端轮廓,后加工右端轮廓。根据装夹情况,将整个加工过程划为两个工序,每个工序根据所用刀具的不同划分为若干个工步,具体见表 4-3。

表 4-3　加工顺序

工序名称	工序草图	工步划分
工序 10: 加工左端	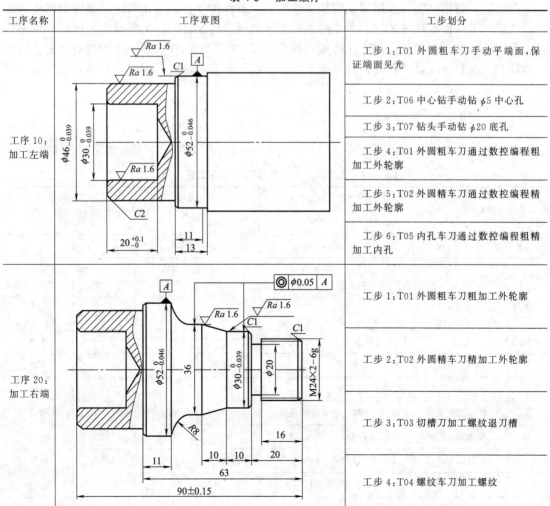	工步 1:T01 外圆粗车刀手动平端面,保证端面见光
		工步 2:T06 中心钻手动钻 $\phi5$ 中心孔
		工步 3:T07 钻头手动钻 $\phi20$ 底孔
		工步 4:T01 外圆粗车刀通过数控编程粗加工外轮廓
		工步 5:T02 外圆精车刀通过数控编程精加工外轮廓
		工步 6:T05 内孔车刀通过数控编程粗精加工内孔
工序 20: 加工右端		工步 1:T01 外圆粗车刀粗加工外轮廓
		工步 2:T02 外圆精车刀精加工外轮廓
		工步 3:T03 切槽刀加工螺纹退刀槽
		工步 4:T04 螺纹车刀加工螺纹

4.1.2.7 选择切削用量

切削用量包括主轴转速（切削速度）、进给量和背吃刀量，具体选择见表4-4。

(1) 背吃刀量的选择

背吃刀量通常根据机床、工件和刀具的刚度来决定，在刚度允许的条件下，应使背吃刀量尽可能大，以便减少走刀次数，提高生产效率。但是为了保证加工表面质量，可留 0.2～0.5mm 的精加工余量。

(2) 主轴转速的选择

确定主轴转速 n 时，一般先根据刀具材料和工件材料确定切削速度 v_c，再根据公式 $n = \dfrac{1000v_c}{\pi D}$ 得到转速 n。使用 YT5 硬质合金刀具粗车中碳钢时，切削速度 v_c 一般取 90～100m/min；使用 YT15 硬质合金刀具精车中碳钢时，切削速度 v_c 一般取 150～160m/min；另外数控机床的控制面板上大多备有主轴转速修调（倍率）开关，可在加工过程中对主轴转速进行整倍数调整。

(3) 进给速度的选择

进给量是数控机床切削用量中的重要参数，主要根据零件的加工精度、表面粗糙度以及刀具性能、工件材料性质选取。当工件质量要求能够得到保证时，为提高生产效率，可选择较大的进给速度；在切断、加工深孔或用高速钢刀具加工时，宜选择较小的进给速度；当加工精度和表面粗糙度要求高时，进给速度应选小些；另外刀具空行程时，特别是远距离"回零"时，可以选择机床数控系统设定的最高进给速度。

4.1.2.8 填写工艺文件

综合前面工艺分析的各项内容，将其填入表4-4和表4-5所示的数控加工工艺卡片中。

表 4-4 轴类零件左端轮廓数控加工工艺卡片

单位名称	×××	产品名称或代号		零件名称		零件图号	
		×××		轴类零件		×××	
工序号	程序编号	夹具名称		加工设备		车间	
10	O1005	三爪卡盘		CK614 数控车床		数控中心	
工步号	工步内容	刀具		主轴转速 /(r/min)	进给速度 /(mm/r)	背吃刀量 /mm	备注
1	平端面	T01；95°硬质合金外圆粗车刀		600	0.5	1	手动
2	钻 $\phi 5$ 中心孔	T05：$\phi 5$ 中心钻		300			手动
3	钻 $\phi 20$ 内孔	T06：$\phi 20$ 钻头		500			手动
4	粗加工外轮廓	T01；95°硬质合金外圆粗车刀		800	0.35	1	自动
5	精加工外轮廓	T02；95°硬质合金外圆精车刀		1200	0.15	0.25	自动
6	粗精加工内孔	T05；93°硬质合金内孔车刀		500/800	0.25/0.15	0.5/0.25	自动
编制	×××	审核	×××	批准	×××	年 月 日	共 页 第 页

表 4-5　轴类零件右端轮廓数控加工工艺卡片

单位名称	×××	产品名称或代号		零件名称		零件图号	
		×××		轴类零件		×××	
工序号	程序编号	夹具名称		加工设备		车间	
20	O2005	三爪卡盘		CK6142 数控车床		数控中心	
工步号	工步内容	刀具		主轴转速 /(r/min)	进给速度 /(mm/r)	背吃刀量 /mm	备注
1	粗加工外轮廓	T01:95°硬质合金外圆粗车刀		800	0.35	1	自动
2	精加工外轮廓	T02:95°硬质合金外圆精车刀		1200	0.15	0.25	自动
3	加工螺纹退刀槽	T03:4mm 硬质合金切槽刀		450	0.15	2	自动
4	加工螺纹	T04:60°硬质合金螺纹刀		500	2	见表格	自动
编制	×××	审核	×××	批准	×××	年　月　日	共　页　　第　页

4.1.3　阶梯轴的程序编制

4.1.3.1　走刀路线的设计及基点坐标的计算

工序 10 中的工步 4、工步 5、工步 6 需要数控加工，工序 20 中的全部内容都需要数控加工。基于对刀方便的原则，工件坐标系的原点选择在工件端面的中心处。基于加工安全的原则，换刀点选择远离工件的地方。具体走刀路线及基点坐标分别见表 4-6 和表 4-7。

表 4-6　工序 10 走刀路线及基点坐标

加工内容	走刀路线图	基点坐标
工步 4：T01 外圆粗车刀通过数控编程粗加工外轮廓 工步 5：T02 外圆精车刀通过数控编程精加工外轮廓		0(X58,Z2) 1(X38,Z2) 2(X42,Z0) 3(X46,Z-2) 4(X46,Z-27) 5(X50,Z-27) 6(X52,Z-28) 7(X52,Z-40) 8(X58,Z-40)
工步 6：T5 内孔车刀通过数控编程粗精加工内孔		0(X0,Z5) 1(X34,Z2) 2(X34,Z0) 3(X30,Z-2) 4(X30,Z-20) 5(X24,Z-20)

表 4-7　工序 20 走刀路线及基点坐标

加工内容	走刀路线图	基点坐标
工步 1：T01 外圆粗车刀粗加工外轮廓　　工步 2：T02 外圆精车刀精加工外轮廓		0($X58,Z2$) 1($X17.8,Z2$) 2($X21.8,Z0$) 3($X23.8,Z-2$) 4($X23.8,Z-20$) 5($X28,Z-20$) 6($X30,Z-21$) 7($X30,Z-30$) 8($X36,Z-40$) 9($X36,Z-44$) 10($X52,Z-52$) 11($X56,Z-52$)
工步 3：T03 切槽刀加工螺纹退刀槽		1($X32,Z-20$) 2($X20,Z-20$)
工步 4：T04 螺纹车刀加工螺纹		1($X26,Z3$) 2 第一刀($X23.1,Z3$) 第二刀($X22.5,Z3$) 第三刀($X21.9,Z3$) 第四刀($X21.5,Z3$) 第五刀($X21.4,Z3$) 3 第一刀($X23.1,Z-18$) 第二刀($X22.5,Z-18$) 第三刀($X21.9,Z-18$) 第四刀($X21.5,Z-18$) 第五刀($X21.4,Z-18$) 4($X26,Z-18$)

4.1.3.2　程序清单

表 4-8　工序 10 程序清单

FANUC 系统程序，程序号 O1005		SIEMENS 系统程序，程序号 AC102.MPF	
FANUC 程序段	程序说明	SIEMENS 程序段	程序说明
O1005；	程序号	AC102.MPF	程序号
T0101；	调用 T01 外圆粗车刀及相应补偿值	T1D1；	调用 T01 外圆粗车刀及相应补偿值
S800 M03；	主轴正转，转速 800r/min	S800 M03；	主轴正转，转速 800r/min
G00 X100.0 Z100.0；	快速定位到换刀点	G0 X100.0 Z100.0；	快速定位到换刀点
X58.0 Z2.0；	快速定位到循环起点	X58.0 Z2.0；	快速定位到循环起点

FANUC 系统程序,程序号 O1005		SIEMENS 系统程序,程序号 AC102. MPF	
FANUC 程序段	程序说明	SIEMENS 程序段	程序说明
G71 U2.0R0.5;	调用 G71 粗车循环指令,粗加工左端外轮廓	CYCLE95("BC201", 2, 0, 0.25, , , 150, 80, 80, 1, , , 0.5);	粗车外轮廓
G71 P10 Q20 U0.5 W0 F0.35;		G00 X100 Z100;	退刀
N10 G00 X38.0;	左端外轮廓	T2D2;	调用 T02 外圆精车刀及相应补偿值
Z2;		S1200 M03;	主轴正转,转速 1200r/min
G01X46.0Z−2.0;		X58.0 Z2.0;	快速定位到循环起点
Z−27.0;		CYCLE95("BC201", 2, 0, 0.25, , , 150, 80, 80, 5, , , 0.5);	精车外轮廓
X50.0;		G00 X100.0 Z100.0;	快速定位到换刀点
X52.0Z−28.0;		T3D3;	调用 T05 内孔车刀及相应补偿值
W−12.0;		G00 X0.0 Z5.0;	快速定位到循环起点
N20U3.0;		S500 M03;	主轴正转,转速 500r/min
G00X 100 Z100;	快速退刀至换刀点	CYCLE95("BC202", 1, 0, 0.25, , , 120, 60, 60, 9, , , 0.5);	粗精车内孔
T0202;	调用 T02 外圆精车刀及相应补偿值	G74 X0 Z0;	返回参考点
G00X58.0Z2.0;	快速定位到循环起点	M05;	主轴停转
S1200 M03;	主轴正转,转速 1200r/min	M30;	程序结束
G70 P10 Q20 F0.15;	调用 G70 精车循环指令,精加工左端外轮廓	BC201. SPF;	外轮廓子程序
G00 X100.0 Z100.0;	快速定位到换刀点	G00 X38.0 Z2;	定位至 1 点
T0303;	调用 T05 内孔车刀及相应补偿值	G01 X46.0 Z−2.0;	切削至 3 点
G00 X0.0 Z5.0;	快速定位到循环起点	Z−27.0;	切削至 4 点
S500 M03;	主轴正转,转速 500r/min	X50.0;	切削至 5 点
G00 X16 Z2;	快速定位到循环起点	X52.0 Z−28.0;	切削至 6 点
G71 U1.0 R0.5;	调用 G71 粗车循环指令,粗加工左端内孔	W−12.0;	切削至 7 点
G71 P30 Q40 U−0.5 W0 F0.25;		U3.0;	切削至 8 点
N30 G00 X34.0;	左端内孔	RET;	子程序结束
Z2;		BC202. SPF;	内孔子程序
G01 Z0;		G00 X34.0 Z2;	定位至 1 点
G02 X30.0 Z−2.0 R2.0;		G01 Z0;	切削至 2 点
G01 Z−20.0;		G02 X30.0 Z−2.0 R2.0;	切削至 3 点
N40 X24.0;		G01 Z−20.0;	切削至 4 点

FANUC 系统程序,程序号 O1005		SIEMENS 系统程序,程序号 AC102.MPF	
FANUC 程序段	程序说明	SIEMENS 程序段	程序说明
G70 P30 Q40 S800 F0.15;	调用 G70 精车循环指令,精加工左端内孔	X24.0;	定位至 5 点
G00 X100.0 Z100.0;	退刀	RET;	子程序结束
M05;	主轴停止		
M30;	程序结束,光标复位		

表 4-9 工序 20 程序清单

FANUC 系统程序,程序号 O2005		SIEMENS 系统程序,程序号 AC202.MPF	
FANUC 程序段	程序说明	SIEMENS 程序段	程序说明
O2005;	程序名	AC202.MPF	程序名
T0101;	调用 T01 外圆粗车刀及相应补偿值	T1D1;	调用 T01 外圆粗车刀及相应补偿值
S800 M03;	主轴正转,转速 800r/min	S800 M03;	主轴正转,转速 800r/min
G00 X100.0 Z100.0;	快速定位到换刀点	G0 X100.0 Z100.0;	快速定位到换刀点
X58.0 Z2.0;	快速定位到循环起点	X58.0 Z2.0;	快速定位到循环起点
G71 U2.0 R0.5	调用 G71 粗车循环指令,粗加工右端外轮廓	CYCLE95("BC301",2,0,0.25,,150,80,80,1,,,0.5);	粗车外轮廓
G71 P10 Q11 U0.5 W0 F0.35;		G00 X100 Z100;	退刀
N10 G00 X17.8;		T2D2;	调用 T02 外圆精车刀及相应补偿值
Z2;		S1200 M03;	主轴正转,转速 1200r/min
G01 X23.8 Z−1.0;		X58.0 Z2.0;	快速定位到循环起点
Z−20.0;		CYCLE95("BC301",2,0,0.25,,150,80,80,5,,,0.5);	精车外轮廓
X28.0;	右端外轮廓	G00 X100.0 Z100.0;	快速定位到换刀点
X30.0 W−1.0;		T3 D3;	调用 T03 切槽刀及相应补偿值
Z−30.0;		M03 S450;	主轴正转,转速 450r/min
X36.0 W−10.0;		G00 X32.0 Z−20.0;	快速定位到切槽的准备位置
W−4.0;		G01 X20.0 F50;	切槽
G02 X52.0 W−8.0 R8.0;		G04 F2;	槽底暂停 2s
N20 G01 U4.0;		G01 X32.0;	退刀
G00 X100 Z100;	快速退刀至换刀点	G00 X100.0 Z100.0;	快速定位到换刀点
T0202;	调用 T02 外圆精车刀及相应补偿值	T4D4;	调用 T04 螺纹刀及相应补偿值
G00 X58.0 Z2.0;	快速定位到循环起点	M03 S500;	主轴正转,转速 500r/min
S1200 M03;	主轴正转,转速 1200r/min	X26.0 Z3.0;	快速定位到螺纹循环起点

续表

FANUC 系统程序,程序号 O2005		SIEMENS 系统程序,程序号 AC202. MPF	
FANUC 程序段	程序说明	SIEMENS 程序段	程序说明
G70 P10 Q20 F0.15;	调用 G70 精车循环指令,精加工右端外轮廓	CYCLE97(2, , 0, −16, 24, 24, 2, 2, 1.3, 0.05, 30, 0, 5, 1, 3, 1);	调用螺纹切削循环指令
G00 X100.0 Z100.0;	快速定位到换刀点	G74 X0 Z0;	返回参考点
T0303;	调用 T03 切槽刀及相应补偿值	M05;	主轴停转
M03 S450;	主轴正转,转速 450r/min	M30;	程序结束
G00 X32.0 Z−20.0;	快速定位到切槽的准备位置	BC301. SPF;	外轮廓子程序
G01 X20.0 F0.15;	切槽	G00 X17.8 Z2;	定位至 1 点
G04 P2000;	槽底暂停 2s	G01 X23.8 Z−1.0;	切削至 3 点
G01 X32.0;	退刀	Z−20.0;	切削至 4 点
G00 X100.0 Z100.0;	快速定位到换刀点	X28.0;	切削至 5 点
T0404;	调用 T04 螺纹刀及相应补偿值	X30.0 W−1.0;	切削至 6 点
M03 S500;	主轴正转,转速 500r/min	Z−30.0;	切削至 7 点
X26.0 Z3.0;	快速定位到螺纹循环起点	X36.0 W−10.0;	切削至 8 点
G92 X23.1 Z−18.0 F2.0;	螺纹切削第 1 刀	W−4.0;	切削至 9 点
X22.5;	螺纹切削第 2 刀	G02 X52.0 W−8.0 R8.0;	切削至 10 点
X21.9;	螺纹切削第 3 刀	G01 U4.0;	切削至 11 点
X21.5;	螺纹切削第 4 刀	RET;	子程序结束
X21.4;	螺纹切削第 5 刀		
G00 X100.0 Z100.0;	快速退刀		
M05;	主轴停止		
M30;	程序结束,光标复位		

4.1.4 阶梯轴的加工

① 机床开机,回参考点。

◎ 开机操作参考 3.2.1 节,回参考点操作参考 3.2.2.1 节。

◎ 开机前应先进行检查,待一切没有问题之后再开机。

◎ 开机后需检查操作面板上的各指示灯是否正常,各按钮、开关是否处于正确位置,显示屏上是否有报警显示,若有问题应及时予以处理。

◎ 回参考点时,最好按照 X 轴、Z 轴的顺序进行,以避免刀架与尾座相撞。

② 安装工件和刀具,准备加工左端。

◎ 工件安装时要注意装夹牢靠。

◎ 安装刀具要注意刀尖与机床主轴等高,可在尾座上安装顶尖来找正刀具的高度,各刀具的安装位置如图 4-3 所示。

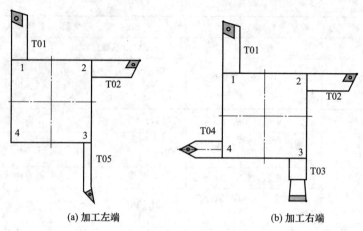

(a) 加工左端　　　　　　　　　(b) 加工右端

图 4-3　刀具安装位置

③ 对刀并设置刀具参数：对 T01、T02、T05 三把刀具进行对刀操作并输入刀具参数，操作过程见 3.3.2 节。

④ 输入左端加工程序 O1005，通过试运行检查程序，确保其正确。

⑤ 自动运行程序，加工零件左端。

⑥ 准备加工零件右端：拆下零件后，调头安装；拆下内孔刀具，安装切槽刀和螺纹刀，具体位置如图 4-3 所示。

⑦ 手动切削端面，保证零件总长。

⑧ 对刀并设置刀具参数：对 T01、T02、T03、T04 四把刀具进行对刀操作并输入刀具参数，操作过程见 3.3.2 节。

⑨ 输入右端加工程序 O2005，通过试运行检查程序，确保其正确。

⑩ 自动运行程序，加工零件右端。

⑪ 拆下零件和刀具，清理机床，关机。

4.2　套类零件的编程与加工

4.2.1　套类零件的加工要求

如图 4-4 所示套类零件，材料为 45 钢，要求对零件进行工艺设计并编制加工程序，然后在机床上进行加工。

4.2.2　套类零件的工艺设计

4.2.2.1　零件图分析

该零件属于回转体，主要由外圆柱面、外圆弧面、内圆锥面、内螺纹及倒角和端面等组成，其中 $\phi 58_{-0.12}^{0}$、$\phi 46_{-0.025}^{0}$、$\phi 36_{-0.025}^{0}$、40 ± 0.4 四个尺寸的精度要求较高。$\phi 58_{-0.12}^{0}$ 为 IT10 级精度，$\phi 46_{-0.025}^{0}$ 和 $\phi 36_{-0.025}^{0}$ 为 IT7 级精度。零件材料为 45 钢，无热处理和硬度要求。整个零件图尺寸标注完整，轮廓及各类技术要求描述清楚，无加工工艺结构不合理之处。

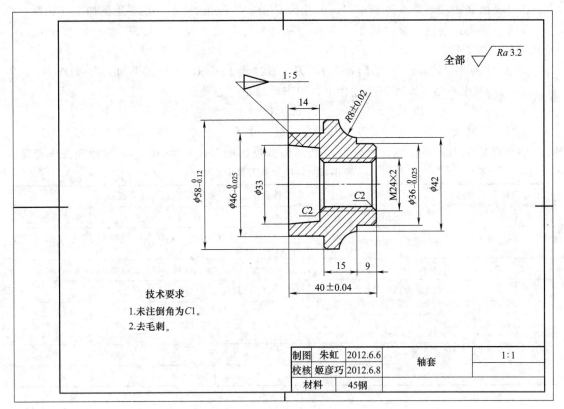

图 4-4 套类零件

4.2.2.2 选择毛坯

该零件外轮廓最大直径 $\phi 58_{-0.12}^{0}$，最小直径 $\phi 36_{-0.025}^{0}$，各轴段尺寸相差不大；内孔最大直径为 $\phi 33$、最小直径为 $\phi 24$，零件壁厚值很大。零件材料为 45 钢，没有特殊的性能要求。鉴于上述两点，选择毛坯类型为棒料，尺寸规格为 $\phi 65mm \times 50mm$。

4.2.2.3 选择加工设备

该零件为典型的回转体轴套类零件，形状简单，且精度指标要求不高，材料加工性能较好，故选择数控车削加工方式即可满足要求。考虑到零件的尺寸规格，同时兼顾车间设备的实际情况，故选用 CK6132 型数控车床进行加工。CK6132 型数控车床床身上最大回转直径 320mm，拖板上最大回转直径 150mm，最大工件加工长度 1000mm，主轴转速 $100 \sim 2500r/min$。

4.2.2.4 选择刀具

常用的数控车削刀具种类繁多，按机构分有整体式、焊接式、机夹式、可转位式等。按切削部分材料可分为高速钢车刀、硬质合金车刀、陶瓷车刀。按用途分可分为外圆刀、端面刀、螺纹刀、切断刀、内孔刀等。其选择时要考虑加工表面形状、工件材料性能、加工条件等因素。根据组成该零件的表面（外圆柱面、外圆弧面、内圆锥面、内螺纹等）特征，选择 6 把刀具进行零件的切削加工，具体如下。

T01：机夹式硬质合金外圆车刀，刀片为 C 型，主偏角为 95°，主要用于加工外轮廓。

T02：机夹式硬质合金内孔车刀，刀片为 C 型，主偏角为 93°，刀杆直径为 15mm，主要用于加工内轮廓。

T03：机夹 60°硬质合金内螺纹车刀，刀杆直径为 15mm，主要用于加工内螺纹。

T04：ϕ5 中心钻，在加工孔过程中，用于手动钻中心孔。

T05：ϕ20 钻头，用于手动钻孔，为后续编程加工做好准备。

T06：机夹式硬质合金弯头刀，刀片为 S 型，主偏角为 45°，主要用于平端面。

将所选定的刀具参数填入刀表 4-10 所示的数控加工刀具卡片中，以便编程和操作管理。

表 4-10　数控加工刀具卡片

产品名称或代号		×××		零件名称	轴类零件	零件图号	×××
序号	刀具号	刀具规格名称	数量	加工表面			备注
1	T01	95°硬质合金外圆车刀	1	粗精车 ϕ58、ϕ46、ϕ36 外圆柱面和 R8 外圆弧面			右偏刀
2	T02	93°硬质合金内孔车刀	1	粗精车 1∶5 的内锥面以及螺纹底孔			右偏刀
3	T03	60°硬质合金内螺纹车刀	1	车 M24×2 的内螺纹			
4	T04	ϕ5 中心钻	1	手动钻中心孔			手动
5	T05	ϕ20 钻头	1	手动钻 ϕ20 孔			手动
6	T06	45°硬质合金弯头刀	1	手动平端面			手动
编制	×××	审核	×××	批准	×××	共　页	第　页

4.2.2.5　确定装夹方案

分析零件的结构特点可知，该零件需要调头加工。右端加工成形后可供装夹的部位为 ϕ36 外圆处，但是其长度较短仅为 9mm，不能保证装夹可靠，因此先加工零件左端轮廓，后加工零件右端轮廓。加工左端时，用三爪卡盘装夹毛坯的 ϕ65 外圆处，右端露出长度 30 mm，既保证装夹可靠，又保证足够的加工长度，如图 4-5（a）所示；左端加工完成后用三爪卡盘调头装夹，以 ϕ46$_{-0.025}^{0}$ 外圆和端面进行定位，夹紧时要保证夹紧力适中，既要防止工件变形与夹伤，又要防止工件加工过程中产生松动，如图 4-5（b）所示。

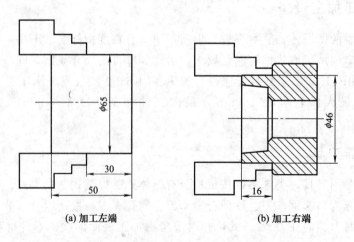

(a) 加工左端　　　　　　　　(b) 加工右端

图 4-5　装夹方案

4.2.2.6 安排加工顺序

加工过程中零件需要调头安装,先加工左端轮廓,后加工右端轮廓。根据装夹情况,将整个加工过程划分为两个工序,每个工序根据所用刀具的不同划分为若干个工步,具体见表4-11。

表4-11 加工顺序

工序名称	工序草图	工步划分
工序100:加工左端		工步1:用T06弯头刀手动平端面,保证端面见光
		工步2:T04中心钻手动钻 $\phi 5$ 中心孔
		工步3:T05钻头手动钻 $\phi 20$ 底孔
		工步4:用T01外圆车刀通过数控编程完成外轮廓的粗加工
		工步5:用T02内孔车刀通过数控编程完成内轮廓的粗加工
工序200:加工右端		工步1:用T06弯头刀手动平端面,保证零件总长
		工步2:用T01外圆车刀通过数控编程完成外轮廓的粗精加工
		工步3:用T02内孔车刀通过数控编程完成螺纹底孔的粗精加工
		工步4:用T03内螺纹车刀加工M24×2螺纹

4.2.2.7 选择切削用量

选择切削用量的原则是:粗加工时一般以提高生产率为主,选择尽可能大的背吃刀量和进给量,但也应考虑经济性和加工成本;精加工时应首先保证加工质量,选择较高的切削速度和较小的进给量,同时也要兼顾切削效率、经济性和加工成本。具体数值应根据机床说明书、切削用量手册,并结合实际经验而定,见表4-12和表4-13所示的工艺卡片。

4.2.2.8 填写工艺文件

综合前面工艺分析的各项内容,将其填入表4-12和表4-13所示的数控加工工艺卡片中。

表 4-12　套类零件左端轮廓数控加工工艺卡片

单位名称	×××	产品名称或代号		零件名称		零件图号	
		×××		轴类零件		×××	
工序号	程序编号	夹具名称		加工设备		车间	
100	O1105	三爪卡盘		CK6132 数控车床		数控中心	
工步号	工步内容	刀具	主轴转速 /(r/min)	进给速度 /(mm/r)	背吃刀量 /mm	备注	
1	平端面	T06：45°硬质合金弯头车刀	500	0.35	2	手动	
2	钻 φ5 中心孔	T04：φ5 中心钻	300			手动	
3	钻 φ20 内孔	T05：φ20 钻头	700			手动	
4	粗精加工外轮廓	T01：95°硬质合金外圆粗车刀	800/1200	0.35/0.15	1/0.25	自动	
5	粗加工内孔	T02：93°硬质合金内孔车刀	600/1000	0.25/0.15	0.5/0.25	自动	
编制	×××	审核	×××	批准	×××	年　月　日	共　页　第　页

表 4-13　套类零件右端轮廓数控加工工艺卡片

单位名称	×××	产品名称或代号		零件名称		零件图号	
		×××		轴类零件		×××	
工序号	程序编号	夹具名称		加工设备		车间	
200	O1106	三爪卡盘		CK6132 数控车床		数控中心	
工步号	工步内容	刀具	主轴转速 /(r/min)	进给速度 /(mm/r)	背吃刀量 /mm	备注	
1	平端面保证总长	T06：45°硬质合金弯头车刀	500	0.35	2	手动	
2	粗精车外轮廓	T01：95°硬质合金外圆车刀	800/1200	0.35/0.15	1/0.25	自动	
3	粗精车螺纹底孔	T02：93°硬质合金内孔车刀	600/1000	0.25/0.15	0.5/0.25	自动	
4	车螺纹	T03：60°硬质合金内螺纹刀	500	2	见表格	自动	
编制	×××	审核	×××	批准	×××	年　月　日	共　页　第　页

4.2.3　套类零件的程序编制

4.2.3.1　走刀路线的设计及基点坐标的计算

　　工序 100 中的工步 4、工步 5 需要数控加工，工序 200 中的工步 2、工步 3、工步 4 需要数控加工。基于对刀方便的原则，工件坐标系的原点选择在工件端面的中心处。基于加工安全的原则，换刀点选择远离工件的地方。具体走刀路线及基点坐标分别见表 4-14 和表 4-15。

表 4-14　工序 100 走刀路线及基点坐标

加工内容	走刀路线图	基点坐标
工步 4：用 T01 外圆车刀通过数控编程完成外轮廓的粗精加工		$A(X46,Z0)$ $B(X46,Z-16)$ $C(X56,Z-16)$ $D(X58,Z-17)$ $E(X58,Z-26)$ $F(X67,Z-26)$ $P(X67,Z3)$ $T(X100,Z-00)$

续表

加工内容	走刀路线图	基点坐标
工步 5：用 T02 内孔车刀通过数控编程完成内轮廓的粗精加工	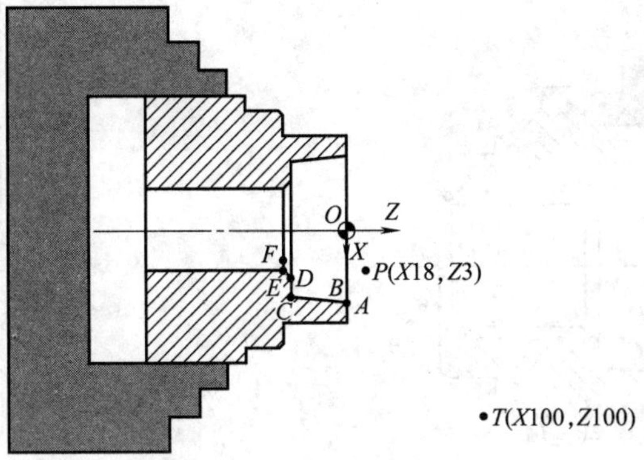	$A(X33,Z2)$ $B(X33,Z0)$ $C(X30.2,Z-14)$ $D(X24,Z-14)$ $E(X20,Z-16)$ $F(X18,Z-16)$ $P(X18,Z3)$ $T(X100,Z-00)$

表 4-15 工序 200 走刀路线及基点坐标

加工内容	走刀路线图	基点坐标
工步 2：用 T01 外圆车刀通过数控编程完成外轮廓的粗精加工	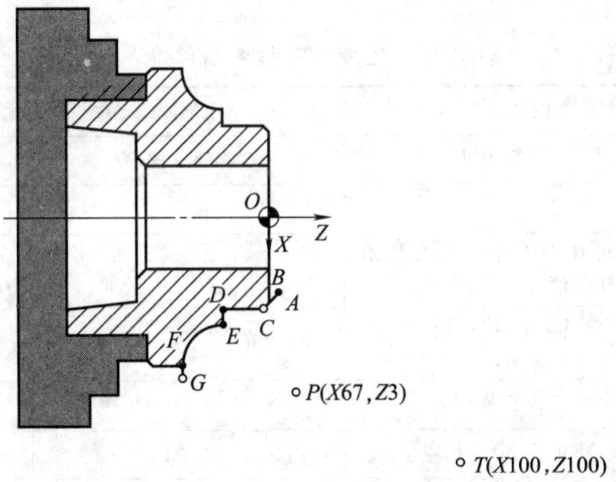	$A(X32,Z1)$ $B(X34,Z0)$ $C(X36,Z-1)$ $D(X36,Z-9)$ $E(X42,Z-9)$ $F(X58,Z-17)$ $G(X62,Z-17)$ $P(X67,Z3)$ $T(X100,Z-00)$
工步 3：用 T02 内孔车刀通过数控编程完成螺纹底孔的粗精加工	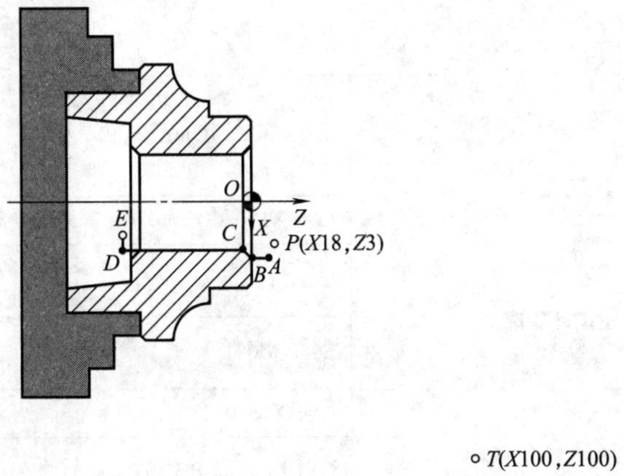	$A(X26,Z2)$ $B(X26,Z0)$ $C(X22,Z-2)$ $D(X22,Z-28)$ $E(X20,Z-28)$ $P(X18,Z3)$ $T(X100,Z100)$

续表

加工内容	走刀路线图	基点坐标
工步 4：用 T03 内螺纹车刀加工 M24×2 螺纹		$A(X21,Z2)$ B 第一刀 $(X22.9,Z2)$ 第二刀 $(X23.5,Z2)$ 第三刀 $(X23.9,Z2)$ 第四刀 $(X24.0,Z2)$ 第五刀 $(X24.0,Z2)$ C 第一刀 $(X22.9,Z-27)$ 第二刀 $(X23.5,Z-27)$ 第三刀 $(X23.9,Z-27)$ 第四刀 $(X24.0,Z-27)$ 第五刀 $(X24.0,Z-27)$ $D(X21,Z-27)$ $T(X100,Z100)$

4.2.3.2　程序清单

表 4-16　工序 100 程序清单

FANUC 系统程序,程序号 O1105		SIEMENS 系统程序,程序号 AC210. MPF	
FANUC 程序段	程序说明	SIEMENS 程序段	程序说明
O1105;	程序号	AC102. MPF	程序号
T0101;	调用 T01 外圆车刀及相应补偿值	T1D1;	调用 T01 外圆车刀及相应补偿值
S800 M03;	主轴正转,转速为 800r/min	S800 M03;	主轴正转,转速为 800r/min
G00 X100.0 Z100.0;	快速定位到换刀点	G00 X100.0 Z100.0;	快速定位到换刀点
G00 X67.0 Z3.0;	快速定位到循环起点	G00 X67.0 Z3.0;	快速定位到循环起点
G71 U2 R1.0;	调用 G71 粗车循环指令,粗加工左端外轮廓	CYCLE95（"BC206",2, 0.25,0,,150,80,80,1,,, 0.5）;	调用循环指令,粗车外轮廓
G71 P30 Q60 U0.5 W0 F0.35;		S1200 M03;	主轴正转,转速 1200r/min
N30 G00 X46.0;		CYCLE95（"BC206",2.0, 0.25,0,,150,80,80,5,,, 0.5）;	调用循环指令,精车外轮廓
G01 Z−16.0 F0.1;		G00 X100.0 Z100.0;	快速定位到换刀点
X56.0;		T2D2;	调用 T02 内孔车刀及相应补偿值
X58.0 Z−17.0;	左端外轮廓	S600 M03;	主轴正转,转速为 600r/min
Z−26.0;		G00 X18.0 Z3.0;	快速定位到循环起点
N60 X67.0;		CYCLE95（"BC207",1.0, 0.25,0,,150,80,80,11,,, 0.5）;	调用车削循环指令,粗精车内轮廓

续表

FANUC 系统程序,程序号 O1105		SIEMENS 系统程序,程序号 AC210. MPF	
FANUC 程序段	程序说明	SIEMENS 程序段	程序说明
S1200 M03;	主轴正转,转速为 1200r/min	G74 X0 Z0;	退刀
G70 P30 Q60 F0.15;	调用 G70 精车循环指令,精加工左端外轮廓	M05;	主轴停转
G00 X100.0 Z100.0;	快速退刀至换刀点	M30;	程序结束
T0202;	调用 T02 内孔车刀及相应补偿值	BC206. SPF;	
S600 M03;	主轴正转,转速为 600r/min	G00 X46.0;	
G00 X18.0 Z3.0;	快速定位到循环起点	G01 Z−16.0;	
G71 U1.0 R1.0;	调用 G71 粗车循环指令,粗加工左端内轮廓	X56.0;	左端外轮廓子程序
G71 P40 Q80 U−0.5 W0 F0.25;		X58.0 Z−17.0;	
N40 G00 X33.0;		Z−26.0;	
G01 Z0;		X67.0;	
X30.2 Z−14.0;	左端内轮廓	RET;	
X24.0;		BC207. SPF;	
X20.0 Z−16.0;		G00 X33.0;	
N80 X18.0;		G01 Z0;	
S1000 M03;	主轴正转,转速为 1000r/min	G01 X30.2 Z−14.0;	左端内轮廓子程序
G70 P40 Q80 F0.15;	精车循环	X24.0;	
G00 X100.0 Z100.0;	快速退刀	X20.0 Z−16.0;	
M05;	主轴停转	X18.0;	
M30;	程序结束	RET;	

表 4-17　工序 200 程序清单

FANUC 系统程序,程序号 O1106		SIEMENS 系统程序,程序号 AC210. MPF	
FANUC 程序段	程序说明	SIEMENS 程序段	程序说明
O1105;	程序号	AC102. MPF	程序号
T0101;	调用 T01 外圆车刀及相应补偿值	T1D1;	调用 T01 外圆车刀及相应补偿值
S800 M03;	主轴正转,转速为 800r/min	S800 M03;	主轴正转,转速为 800r/min
G00 X100.0 Z100.0;	快速定位到换刀点	G00 X100.0 Z100.0;	快速定位到换刀点
G00 X67.0 Z3.0;	快速定位到循环起点	G00 X67.0 Z3.0;	快速定位到循环起点
G71 U2.0 R1.0;	调用 G71 粗车循环指令,粗加工右端外轮廓	CYCLE95（"BC208", 2, 0.25,0,,150,80,80,1,,, 0.5);	调用循环指令,粗车外轮廓
G71 P10 Q20 U0.5 W0 F0.35;		S1200 M03;	主轴正转,转速 1200r/min

FANUC 系统程序，程序号 O1106		SIEMENS 系统程序，程序号 AC210. MPF	
FANUC 程序段	程序说明	SIEMENS 程序段	程序说明
N10 G00 X32.0；		CYCLE95（"BC208"，2.0，0.25，0，，，150，80，80，5，，，0.5）；	调用循环指令，精车外轮廓
Z1.0；		G00 X100.0 Z100.0；	快速定位到换刀点
G01 X36.0 Z−1.0；		T2D2；	调用 T02 内孔车刀及相应补偿值
Z−9.0；	右端外轮廓	S600 M03；	主轴正转，转速为 600r/min
X42.0；		CYCLE95（"BC209"，1.0，0.25，0，，，150，80，80，11，，，0.5）；	调用车削循环指令，粗精车内轮廓
G02 X58.0 Z−17.0 R8.0；		G00 X100.0 Z100.0；	快速定位到换刀点
N20 G01 X62.0		T3D3；	调用 T03 内螺纹车刀及相应补偿值
S1200 M03；	主轴正转，转速为 1200r/min	S500 M03；	主轴正转，转速为 500r/min
G70 P10 Q20 F0.15；	调用 G70 精车循环指令，精加工左端外轮廓	G00 X21.0 Z2.0；	快速定位至循环起点
G00 X100.0 Z100.0；	快速退刀至换刀点	CYCLE97（2，，0，−26，24，24，3，3，1.299，0.05，30，0，5，1，4，1）；	调用螺纹切削循环指令
T0202；	调用 T02 内孔车刀及相应补偿值	G74 X0 Z0；	返回参考点
S600 M03；	主轴正转，转速为 600r/min	M05；	主轴停转
G00 X18.0 Z3.0；	快速定位到循环起点	M30；	程序结束
G71 U1.0 R1.0；	调用 G71 粗车循环指令，粗加工螺纹底孔	BC208. SPF；	
G71 P30 Q40 U−0.5 W0 F0.25；		G00 X32.0；	
N30 G00 X26.0 ；		Z1.0；	
G01 Z0；		G01 X36.0 Z−1.0；	
X22 Z−2.0；	左端内轮廓	Z−9.0；	
Z−28.0；		X42.0；	右端外轮廓子程序
N40 X20.0；		G02 X58.0 Z−17.0 R8.0；	
S1000 M03；	主轴正转，转速为 1000r/min	G01 X62.0；	
G70 P30 Q40 F0.15；	精车循环	RET；	

FANUC 系统程序,程序号 O1106		SIEMENS 系统程序,程序号 AC210. MPF	
FANUC 程序段	程序说明	SIEMENS 程序段	程序说明
G00 X100.0 Z100.0;	快速退刀至换刀点	BC209. SPF;	
T0303;	调用 T03 内螺纹车刀及相应补偿值	G00 X26.0;	
S500 M03;	主轴正转,转速为 500r/min	G01 Z0;	
G00 X21.0 Z2.0;	快速定位至循环起点	X22 Z−2.0;	右端内轮廓子程序
G92 X22.9 Z−27.0 F2.0;		Z−28.0;	
X23.5;		X20.0;	
X23.9;	切削螺纹	RET;	
X24.0;			
X24.0;			
G00 X100.0 Z100.0;	快速退刀		
M05;	主轴停转		
M30;	程序结束		

4.2.4 套类零件的加工

加工过程参考 4.1.3 节。

习 题

1. 以图 4-6 所示零件为例,进行工艺分析并编制数控加工程序。

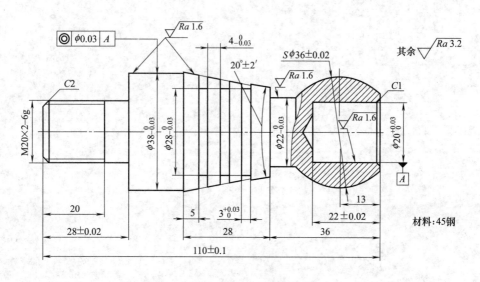

图 4-6 习题 1 零件图

2. 以图 4-7 所示零件为例，进行工艺分析并编制数控加工程序。

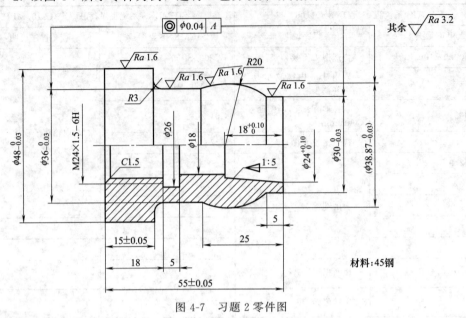

图 4-7　习题 2 零件图

第5章

数控铣床与加工中心编程

5.1 FANUC 系统数控铣编程指令

5.1.1 坐标系设定指令 G54～G59/G92

5.1.1.1 设定工件坐标系指令（G92）

（1）指令格式

G92 X _ Y _ Z _ ;

该指令通过设定刀具起点与坐标系原点的相对位置确定当前工件坐标系，X _ Y _ Z _ 为刀尖起始点距离工件原点在 X、Y、Z 方向的距离，如图 5-1 所示。

（2）指令说明

◎ 执行此程序段只建立工件坐标系，刀具并不产生运动，且刀具必须放在程序要求的位置上。

◎ 该坐标系在机床重开机时消失，是临时的坐标系。

（3）指令应用

如图 5-1 所示，用 G92 指令建立工件坐标系，指令为：G92 X60.0 Y60.0 Z50.0。

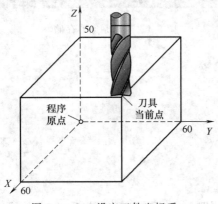

图 5-1　G92 设定工件坐标系

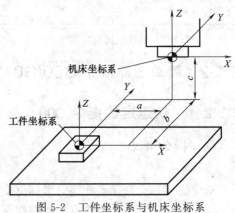

图 5-2　工件坐标系与机床坐标系

5.1.1.2 选择工件坐标系指令（G54～G59）

（1）指令格式

G54（G55、G56、G57、G58、G59）；

该指令首先通过对刀操作找到工件原点在机床坐标系中的坐标值，例如图 5-2 中的坐标值（a，b，c），然后用 MDI 方式将对刀数值输入到系统中，编程时用存储位置对应的 G54～G59 指令调用即可。

（2）指令说明

◎ 该组指令为模态指令，可相互注销。

◎ 在接通电源和完成了原点返回后，系统自动选择工件坐标系 1（G54）。

◎ 该坐标系一旦建立就一直存在，机床关机后也不消失，直到建立新的坐标系将其替代为止。

（3）指令应用

如图 5-3 所示，依次加工 1、2、3 三个孔。其中孔 1 在工件坐标系 G54 中的坐标为（30，20），孔 2 在工件坐标系 G55 中的坐标为（40，30），孔 3 在工件坐标系 G56 中的坐标为（30，17）。各坐标系的存储界面如图 5-4 所示，根据加工要求调用不同的坐标系进行钻孔。

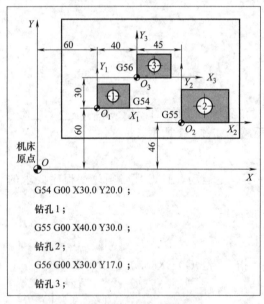

G54 G00 X30.0 Y20.0 ；

钻孔 1 ；

G55 G00 X40.0 Y30.0 ；

钻孔 2 ；

G56 G00 X30.0 Y17.0 ；

钻孔 3 ；

图 5-3　工件坐标系应用举例

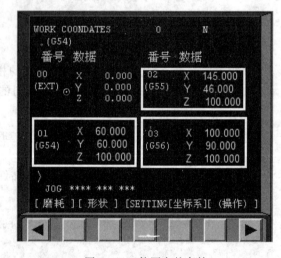

图 5-4　工件原点的存储

5.1.2 简单插补指令 G00/G01/G02/G03

5.1.2.1 快速定位指令 G00

（1）指令格式

G00 X __ Y __ Z __ ；

X、Y、Z——目标点的绝对坐标值或增量坐标值。

G00 指令使刀具从当前位置移动到命令指定的位置（在绝对坐标方式下），或者移动到某个距离处（在增量坐标方式下）。

（2）指令说明

◎ 刀具轨迹通常为折线，因此注意避免刀具与工件或机床发生碰撞。

◎ 以机床设定好的进给速度进行运动，不能通过编程 F 值改变，但可以通过机床面板上的倍率按钮进行调节。

◎ 通常用于快速接近工件或退刀。

5.1.2.2 直线插补指令 G01

（1）指令格式

G01 X＿＿ Y＿＿ Z＿＿ F＿＿；

X、Y、Z——目标点的绝对坐标值或增量坐标值；

F——切削时刀具的进给速度。

G01 指令使刀具按 F 代码指定的进给速度，以直线形式从当前位置切削到目标位置。

（2）指令说明

◎ G01 指令中应给出速度 F 值，F 为模态代码，因此不必每个程序段均指定一次。

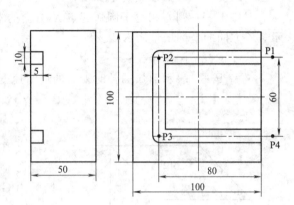

图 5-5　例 5-1 零件图

◎ 使用 G01 指令时，通常先进行 Z 轴方向进刀，然后在 XY 平面内进行切削。

（3）指令应用

例 5-1 用直线插补指令编写如图 5-5 所示沟槽的加工程序，程序如表 5-1 所示。

表 5-1　例 5-1 加工程序

程　序	程 序 说 明
O0501；	程序名
G90 G94G17 G21 G54 G40 G49 G80；	选择绝对坐标编程,每分钟进给,XY 平面,公制单位,G54 工件坐标系,取消刀具半径补偿,取消刀具长度补偿,取消固定循环
S2000 M03	主轴正转,转速 1000r/min
G00 Z100.0；	刀具快速定位到起始点 P1 上方
X60.0 Y30.0；	
Z5.0；	刀具 Z 轴方向快速接近
G01 Z−5.0 F500；	垂直下刀到深度−5mm,进给速度 500mm/min
X−30.0；	直线插补加工到 P2 点
Y−30.0；	直线插补加工到 P3 点
X60.0；	直线插补加工到 P4 点
G00 Z100.0；	快速抬刀到 100mm
M05；	主轴停止
M30；	程序结束

5.1.2.3 圆弧插补指令 G02/G03

（1）指令格式

圆弧在 XY 平面内：G17 G02/G03 X＿Y＿R＿F＿；

G17 G02/G03 X＿Y＿I＿J＿F＿；

圆弧在 XZ 平面内：G18 G02/G03 X＿Z＿R＿F＿；

G18 G02/G03 X＿Z＿I＿K＿F＿；

圆弧在 YZ 平面内：G19 G02/G03 Y＿Z＿R＿F＿；

G19 G02/G03 Y＿Z＿J＿K＿F＿；

X、Y、Z——圆弧终点的坐标值；

I、J、K——圆心相对于圆弧起点 X 方向的坐标增量用 I 表示，Y 方向的坐标增量用 J 表示，Z 方向的坐标增量用 K 表示；

R——圆弧半径；

F——表示圆弧插补时刀具的进给速度。

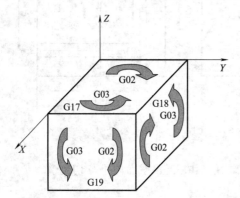

图 5-6 圆弧顺逆方向的判断

（2）指令说明

◎ 进行圆弧插补时，必须先规定切削平面，然后再确定圆弧的顺逆方向。确定圆弧方向时，应沿着切削平面的法线由正方向向负方向看，顺时针圆弧用 G02 表示，逆时针圆弧用 G03 表示，如图 5-6 所示。

◎ R 为圆弧半径，当圆心角小于等于 180°时 R 为正值，当圆心角大于 180°时 R 为负值。例如图 5-7 所示圆弧 1 的程序为 G03 X0 Y30.0 R30.0 F80，圆弧 2 的程序为 G03 X0 Y30.0 R－30.0 F80。

◎ R 参数编程不能描述整圆，整圆编程只能用 I、J 编程。

◎ 用 I、J 参数编程时，I、J 为圆心相对圆弧起点在坐标轴上的增量值，与 G90 和 G91 的定义无关，I、J 值为零时可以省略。

（3）指令应用

例 5-2 用直线和圆弧插补指令编写如图 5-8 所示沟槽的加工程序，程序如表 5-2 所示。

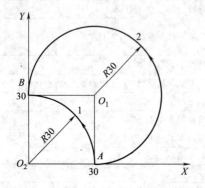

图 5-7 圆弧半径 R 正负的判断

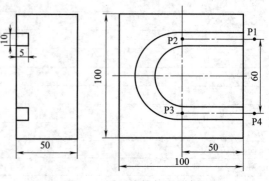

图 5-8 圆弧沟槽加工图例

表 5-2　例 5-2 参考程序

程　　　序	程序说明
O0502；	程序名
G54；	选择 G54 工件坐标系
S2000 M03	主轴正转,转速 1000r/min
G00 Z100；	刀具从当前点快速定位到 P1 点上方
X60.0 Y30.0；	
Z5.0；	刀具 Z 轴方向快速接近
G01 Z－5.0 F500；	垂直下刀到深度－5mm,进给速度 500mm/min
X0.0；	G01 直线插补加工到 P2 点
G03 X0.0 Y－30.0 R30.0；	G03 逆时针圆弧插补加工到 P2 点
G01 X60.0；	G01 直线插补加工到 P4 点
G00 Z100.0；	快速抬刀
M05；	主轴停止
M30；	程序结束

5.1.3　刀具半径补偿指令(G40/G41/G42)

5.1.3.1　刀具半径补偿的目的

　　铣削加工时，由于刀具半径的存在，刀具中心轨迹和工件轮廓不重合。如果按刀心轨迹编程（如图 5-9 所示的点画线），则计算复杂，且刀具磨损、重磨或更换后须重新计算刀心轨迹并修改程序，过程烦琐且不易保证加工精度。若使用刀具半径补偿功能时，只需按工件轮廓编程（如图 5-9 所示的粗实线），因为数控系统会根据工件轮廓，使刀具自动偏离一个补偿值（刀具半径），从而形成正确的刀心轨迹。

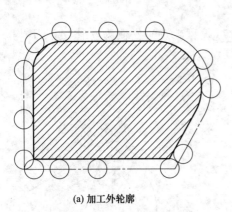

(a) 加工外轮廓　　　　　　　　　　　　　　　(b) 加工内轮廓

图 5-9　刀具半径补偿的目的

5.1.3.2　刀具半径补偿的过程

　　刀具半径补偿的过程分为刀补建立、刀补执行、刀补取消三步来进行，如图 5-10 所示。其中刀补建立是指在刀具从起点接近工件时，刀心轨迹从与编程轨迹重合过渡到与编程轨迹偏离一个偏置量的过程；刀补执行是指刀具中心始终与编程轨迹相距一个偏置量直到刀补取消；刀补取消是指刀具离开工件，刀心轨迹过渡到与编程轨迹重合的过程。

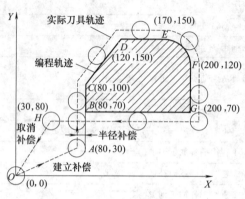

图 5-10　刀具半径补偿的过程

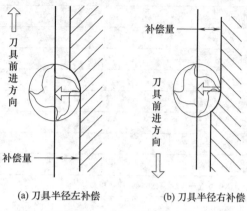

图 5-11　刀具半径补偿方向

5.1.3.3　刀具半径补偿的指令格式

（1）指令格式

G41 G00/G01　X＿ Y＿ D＿；

G42 G00/G01　X＿ Y＿ D＿；

G40 G00/G01　X＿ Y＿；

G41——建立刀具半径左补偿；

G42——建立刀具半径右补偿；

G40——取消刀具半径补偿；

X、Y——刀具运动目标点的坐标值；

D——表示存放刀具半径补偿值的偏置号。

（2）指令说明

◎ 沿着刀具前进的方向看，刀具位于工件轮廓（编程轨迹）左侧为左补偿，刀具位于工件轮廓（编程轨迹）右侧为右补偿，如图 5-11 所示。

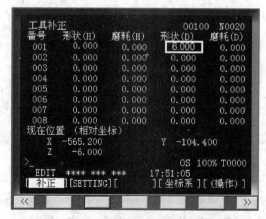

图 5-12　刀具半径补偿值的存储

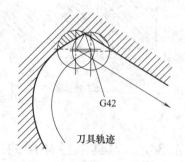

图 5-13　过切现象

◎ D 值用于指定刀具偏置储存器号，编程前手动在地址 D 所对应的偏置储存器中存入相应刀具偏置值，通常为刀具半径值和加工余量，如图 5-12 所示。刀具号与刀具偏置储存器号可以相同，也可以不同，一般情况下，为防止出错，最好使刀具号与刀具偏置号相同。

◎ G41、G42 为模态指令，取消刀具半径补偿功能用 G40 或 D00 来实现，要特别注意的是 G40 必须与 G41 或 G42 成对使用。

◎ 建立和取消刀补必须与 G01 或 G00 指令组合完成，为保证刀具与工件的安全，通常采用 G01 运动方式建立或取消刀补。

◎ 用刀具半径补偿功能铣削内轮廓时，应注意轮廓的最小半径必须大于或等于铣刀半径，以避免出现圆弧干涉报警且不能进行加工的现象，如图 5-13 所示。

5.1.3.4　刀具半径补偿的应用

刀具半径补偿功能除了可以让编程人员直接按轮廓编程，简化了编程工作外，在实际加工中还有许多其他方面的应用。

① 刀具因磨损、重磨、换新刀而引起刀具直径变化后，只需在刀具参数设置中输入变化后的刀具直径，而不必修改程序。如图 5-14 所示，1 为磨损刀具，2 为未磨损刀具，只需将刀具参数表中的刀具半径 r_1 改为 r_2 即可。

② 用同一程序、同一尺寸的刀具，利用刀具半径补偿功能可进行粗精加工。如图 5-15 所示，刀具半径为 r，精加工余量 Δ。粗加工时，输入刀具半径（$r+\Delta$），则加工出细点画线轮廓；精加工时，输入刀具半径 r，则加工出实际轮廓。

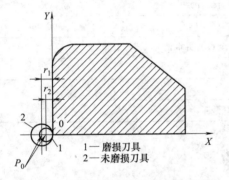

图 5-14　刀具尺寸变化应用半径补偿

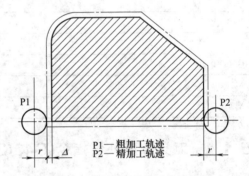

图 5-15　粗精加工应用半径补偿

③ 同一个程序，加工同一公称尺寸的凹、凸型面。如图 5-16 所示，内、外轮廓编写成同一个程序，在加工外轮廓时，将偏置值设为＋D，刀具中心将沿轮廓的外侧切削；当加工内轮廓时，将偏置值设为－D，这时刀具中心将沿轮廓的内侧切削。此种方法，在模具加工中运用较多。

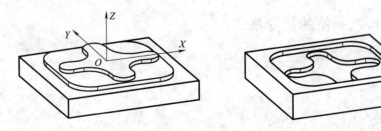

图 5-16　凹、凸型面加工应用半径补偿

5.1.3.5 刀具半径补偿功能的应用举例

例 5-3 编制图 5-10 所示零件的加工程序，要求考虑刀具半径补偿，刀具直径 $\phi 20$，加工程序见表 5-3。

表 5-3 例 5-3 参考程序

程 序	程序说明
O0503；	程序名
G54；	选择 G54 工件坐标系
S2000 M03	主轴正转，转速 2000r/min
G00 Z100；	刀具从当前点快速定位到 O 点上方
X0.0 Y0.0；	
Z5.0；	刀具 Z 轴方向快速接近
G01 Z−5.0 F500；	垂直下刀到深度−5mm，进给速度 500mm/min
G41 X80.0 Y30.0 D01；	切削至 A 点并建立刀具半径左补偿
Y100.0；	沿直线切削至 C 点
X120.0 Y150.0；	沿直线切削至 D 点
X170.0 ；	沿直线切削至 E 点
G02 X200.0 Y120.0 R30.0；	切削圆弧至 F 点
G01 Y70.0；	沿直线切削至 G 点
X30.0；	沿直线切削至 H 点
G40 G00 X0 Y0；	快速运动至 O 点并取消刀具半径补偿
G00 Z100；	抬刀
M05；	主轴停转
M30；	程序结束

5.1.4 刀具长度补偿指令(G43/G44/G49)

5.1.4.1 刀具长度补偿的目的

在加工中心上更换多把刀具加工零件时，由于各把刀具安装后的长短各不相同，工件零点在 Z 方向的位置也各不相同，因此每换一把刀具，都需要重新对刀，这样工作效率大大降低。长度补偿功能可以使刀具在垂直于走刀平面方向偏移任意一个距离，从而编程时不用考虑刀具长度的因素，使用同一个坐标系编程即可。

5.1.4.2 刀具长度补偿的指令格式

（1）指令格式

G43 G00/G01 Z ___ H ___；
G44 G00/G01 Z ___ H ___；
G49 G00/G01 Z ___；
G43 表示刀具长度正向补偿；G44 表示刀具长度负向补偿；G49 表示取消刀具长度补

偿；Z_表示刀具运动目标点的 Z 坐标值；H_表示存放刀具长度补偿值的地址；

（2）指令说明

◎ 沿着 Z 轴方向（下刀和退刀方向）观察，刀具向上抬刀远离工件为正补偿，刀具向下进刀趋近工件为负补偿。如图 5-17 所示，若选择刀具 3 作为基准刀具进行对刀并建立工件零点，刀具 1 相比基准刀具短 6mm，因此需要向下进行负补偿，以免切不到工件；刀具 2 相比基准刀具长 10mm，因此需要向上进行正补偿，以免过切。

◎ H 值用于指定刀具长度偏置号，编程前需要手动在地址 H 所对应的偏置储存器中存入刀具长度偏置值，通常为各刀具与基准刀具的长度差值，如图 5-17 所示刀具，其长度偏置值存储如图 5-18 所示。另外，刀具号与刀具偏置号可以相同，也可以不同，一般情况下，为防止出错，最好使刀具号与刀具偏置号相同。

◎ G43、G44 或 G49 命令是模态命令，一旦被执行就会持续有效。

◎ 一旦更换刀具，G43 或 G44 长度命令应在程序里紧跟着被执行；该刀具加工结束后，应该使用 G49 指令取消刀具长度补偿，也可以用偏置号 H0 来取消长度补偿值。

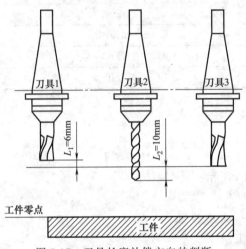

图 5-17 刀具长度补偿方向的判断

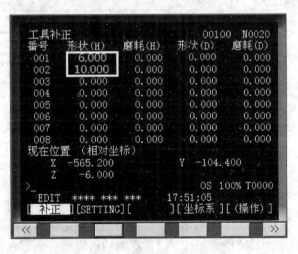

图 5-18 刀具长度补偿值的存储

5.1.4.3 刀具长度补偿的应用

刀具长度补偿功能可以使编程人员在编程时不必考虑刀具长度的差异，大大简化了编程工作，具体如下。

① 加工中刀具因磨损、重磨、换新刀而使刀具长度发生变换时，不必修改程序中的坐标值，只要修改相应的长度补偿值即可达到加工尺寸。

② 若加工一个零件需用多把刀具，且各刀具的长短不一，编程时不必考虑刀具长短对坐标值的影响。只需选择其中一把刀具为标准刀，针对标准刀具进行对刀操作并将对刀值存入 G54 中，将其余各刀具相对标准刀具的长度差存入长度补偿寄存器即可。

③ 利用刀具长度补偿功能，可在加工深度方向上试切加工或进行分层铣削，即通过改变刀具长度补偿值的大小，多次运行程序。

5.1.5 孔加工循环指令

在数控铣床和加工中心上进行孔加工时，通常采用固定循环指令进行编程。在一个固定循环指令程序段内可完成孔加工的全部动作（进给、退刀、孔底暂停等），从而大大减少编程的工作量。FANUC 0i 系统常见的孔加工固定循环指令如表 5-4 所示。

表 5-4　孔加工固定循环指令

G 代码	加工动作	孔底部动作	退刀动作	用途
G80	—	—	—	取消固定循环
G81	切削进给	—	快速进给	钻孔
G82	切削进给	暂停	快速进给	钻孔与锪孔
G73	间歇进给	—	快速进给	钻深孔
G83	间歇进给	—	快速进给	钻深孔
G85	切削进给	—	切削进给	镗孔、扩孔、铰孔
G84	切削进给	暂停、主轴反转	切削进给	攻右螺纹
G74	切削进给	暂停、主轴正转	切削进给	攻左螺纹
G86	切削进给	主轴停	快速进给	镗孔
G88	切削进给	暂停、主轴停	手动	镗孔
G89	切削进给	暂停	切削进给	镗孔
G76	切削进给	主轴准停、刀具移位	快速进给	精镗孔
G87	切削进给	刀具移位、主轴正转	快速进给	反镗孔

5.1.5.1　孔加工固定循环概述

（1）孔加工固定循环的动作

孔加工固定循环通常由 6 个动作组成，如图 5-19 所示。

◎ 动作 1（AB 段）：XY（G17）平面内快速定位。

◎ 动作 2（BR 段）：Z 向快速接近工件到参考平面 R 位置。

◎ 动作 3（RZ 段）：Z 轴切削进给，进行孔加工。

◎ 动作 4（Z 点）：刀具在孔底的动作如暂停等。

◎ 动作 5（ZR 段）：Z 轴退刀到参考平面 R 位置。

◎ 动作 6（RB 段）：Z 向快速返回到初始位置。

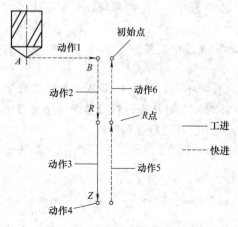

图 5-19　孔加工固定循环动作

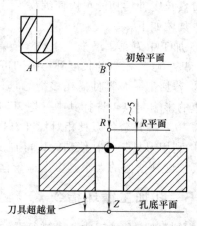

图 5-20　孔加工固定循环平面

（2）孔加工固定循环的平面

◎ 初始平面：初始平面（见图 5-20）是为安全下刀而规定的一个平面。初始平面可以设定在任意一个安全高度上。当使用同一把刀具加工多个孔时，刀具在初始平面内任意移动将不会与夹具、工件凸台等发生干涉。

◎ 参考平面：参考平面又叫 R 平面，这个平面是刀具下刀时，从快进转为工进的高度平面，距工件表面的距离主要考虑工件表面的尺寸变化，一般情况下取 2～5mm（见图 5-20）。

◎ 孔底平面：加工不通孔时，孔底平面就是孔底的 Z 轴高度，而加工通孔时，除要考虑孔底平面的位置外，还要考虑刀具的超越量（如图 5-20 中 Z 点），以保证所有孔深都加工到尺寸。

5.1.5.2 钻孔循环（G81）和锪孔循环（G82）

（1）指令格式

G81 X __ Y __ Z __ R __ F __ ;

G82 X __ Y __ Z __ R __ P __ F __ ;

X、Y 表示孔中心在 XY 平面内的坐标值，Z 表示孔底平面的位置，R 表示参考平面的位置，P 表示刀具在孔底的暂停时间（单位为毫秒），F 表示切削进给速度。

（2）指令说明

◎ G81 指令常用于普通钻孔（比较浅的通孔）和钻中心孔，加工动作如图 5-21 所示；G82 指令常用于锪孔或台阶孔的加工，为了提高孔底表面粗糙度，相比于 G81 指令，G82 指令在孔底增加了进给后的暂停动作，如图 5-22 所示。

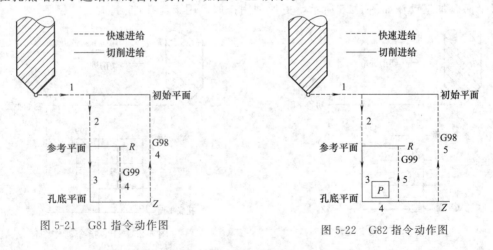

图 5-21　G81 指令动作图　　　　　图 5-22　G82 指令动作图

◎ 刀具加工到孔底平面后可有两种退刀方式，若在 G81 和 G82 指令之前加上 G98，则表示刀具返回到初始平面；若加上 G99，则表示刀具返回到参考平面。

◎ 指令中参数 Z、R 的数值与编程方式有关，如图 5-23 所示。若在 G81 和 G82 指令之前加上 G90，则 Z、R 数值为工件坐标系中的绝对坐标，R 一般为正值，Z 一般为负值；若加上 G91，则 R 数值为参考平面相对于初始平面的坐标增量值，Z 数值为孔底平面相对于参考平面的坐标增量值。

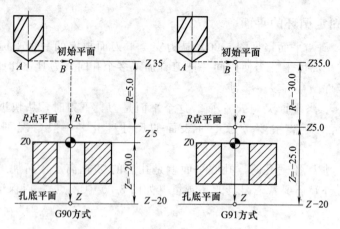

图 5-23　孔加工的绝对坐标与相对坐标

5.1.5.3　深孔钻循环 G73/G83

(1) 指令格式

G73 X＿ Y＿ Z＿ R＿ Q＿ F＿;

G83 X＿ Y＿ Z＿ R＿ Q＿ F＿;

Q 表示每次切削进给的切削深度（无符号，增量），其他参数同 G81。

(2) 指令说明

◎ G73 指令间歇进给，加工动作如图 5-24 所示，可使切屑易于裂断和排出，且冷却液易到达切削部位，冷却润滑效果好，一般用于深孔的加工。G83 指令每次进给之后都退回到参考平面，加工动作如图 5-25 所示，更加利用排屑，用于深孔加工。

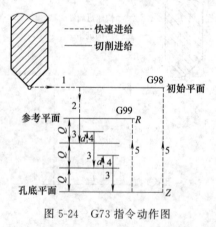

图 5-24　G73 指令动作图

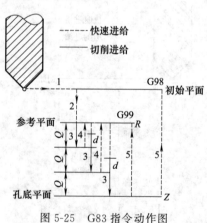

图 5-25　G83 指令动作图

5.1.5.4　螺纹循环 G74/G84

(1) 指令格式

G74 X＿ Y＿ Z＿ R＿ F＿ P＿;

G84 X＿ Y＿ Z＿ R＿ F＿ P＿;

F 表示螺纹导程，P 表示刀具在孔底的暂停时间（单位为毫秒），其他参数同 G81。

（2）指令说明

◎ G74 指令用于左旋螺纹的加工，主轴反转进行切削，到达孔底后主轴正转退刀至参考平面，然后恢复反转状态，如图 5-26 所示。G84 指令用于右旋螺纹的加工，主轴正转进行切削，到达孔底后主轴反转退刀至参考平面，然后恢复正转状态，如图 5-27 所示。

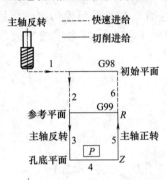

图 5-26　G74 指令动作图

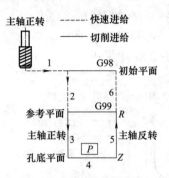

图 5-27　G84 指令动作图

◎ 采用 G84 模式攻螺纹时，主轴转速与进给速度应保持严格的比例关系，即进给速度＝主轴转速×导程。

◎ 在攻螺纹期间忽略进给倍率且不能停车，即使使用了进给保持，加工也不停止，直至完成该固定循环。

5.1.5.5　粗镗孔循环 G85/G86/G88/G89

（1）指令格式

G85 X ＿ Y ＿ Z ＿ R ＿ F ＿；
G86 X ＿ Y ＿ Z ＿ R ＿ F ＿；
G88 X ＿ Y ＿ Z ＿ R ＿ P ＿ F ＿；
G89 X ＿ Y ＿ Z ＿ R ＿ P ＿ F ＿；
指令中各参数的具体含义同 G82。

（2）指令说明

◎ 执行 G85 指令时，刀具以切削进给方式加工到孔底，然后以切削进给方式返回到 R 平面，加工动作如图 5-28 所示，一般用于铰孔和扩孔加工，也可用于粗镗孔加工。

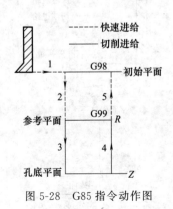

图 5-28　G85 指令动作图

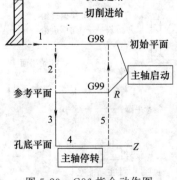

图 5-29　G86 指令动作图

◎ 执行 G86 循环时，刀具以切削进给方式加工到孔底，然后主轴停转，刀具快速退到 R 平面或初始平面后，主轴恢复转动，如图 5-29 所示。采用这种方式进行退刀时，刀具容易在工件表面划出痕迹，因此，该指令常用于精度及粗糙度要求不高的孔粗镗加工。

◎ G88 循环指令较为特殊，刀具以切削进给方式加工到孔底，然后刀具在孔底暂停后主轴停转，这时可通过手动方式从孔中安全退出刀具，返回至参考平面或初始平面后，主轴恢复转动，如图 5-30 所示。这种加工方式虽能提高孔的加工精度，但加工效率较低，因此常在单件加工中采用。

◎ G89 动作和 G85 动作类似，不同的是 G89 在孔底增加了暂停，如图 5-31 所示，因此该指令常用于阶梯孔的加工。

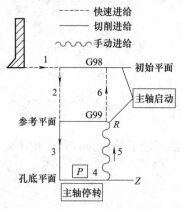

图 5-30　G88 指令动作图

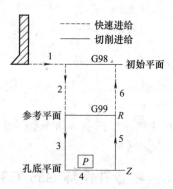

图 5-31　G89 指令动作图

5.1.5.6　精镗孔循环 G76/G87

(1) 指令格式

G76 X __ Y __ Z __ R __ Q __ P __ F __;
G87 X __ Y __ Z __ R __ Q __ F __;
Q 表示刀尖在孔底的偏移量，其他参数同 G85。

(2) 指令说明

◎ 执行 G76 循环时，刀具以切削进给方式加工到孔底，实现主轴准停，刀具向刀尖相

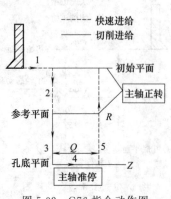

图 5-32　G76 指令动作图

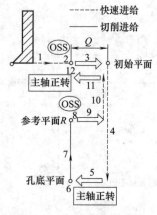

图 5-33　G87 指令动作图

反方向移动 Q，使刀具脱离工件表面，保证刀具不擦伤工件表面，然后快速退刀至 R 平面或初始平面，刀具正转，如图 5-32 所示。该指令主要用于精密镗孔加工。

执行 G87 循环时，刀具在 G17 平面内快速定位后，主轴准停，刀具向刀尖相反方向偏移 Q 值，然后快速移动到孔底，在这个位置刀具按原偏移量反向移动相同的 Q 值，主轴正转并以切削进给方式加工到 R 平面，主轴再次准停，并沿刀尖相反方向偏移快速提刀至初始平面并按原偏移量返回到 G17 平面的定位点，主轴开始正转，循环结束，如图 5-33 所示。由于 G87 循环刀尖无需在孔中经工件表面退出，故加工表面质量较好，所以该循环常用于精密孔的镗削加工。

5.1.5.7　孔加工循环指令应用实例

例 5-4　使用立式加工中心加工图 5-34 所示零件，具体加工程序见表 5-5。

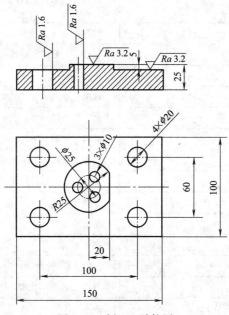

图 5-34　例 5-4 零件图

表 5-5　例 5-4 钻孔加工程序

工件原点在上表面的几何中心处，T01 为立铣刀，T02 为 $\phi10$ 钻头，T03 为 $\phi20$ 钻头

程序段	说　明
O0504；	程序名称
G90 G94 G17 G21 G54；	程序初始设置
G91 G28 Z0.0；	返回参考点
T01 M06；	换 1 号立铣刀
S1200 M03；	主轴正转，转速为 1200r/min
G00 G90 G43 Z10.0 H01；	刀具在 Z 方向快速接近工件，并建立刀具长度补偿
X40.0 Y−80.0；	刀具在 XY 平面内接近工件
G01 Z−5.0 F180；	在 Z 方向下刀，深度为 5mm
G42 X20.0 Y−60.0 D01；	建立刀具半径右补偿

程序段	说　明
Y15.0;	加工凸台的直线部分
G03 X25.0 Y0.0 R−25.0;	加工凸台的圆弧部分
G40 X40.0 Y−80.0;	取消刀具半径补偿
G49 G00 Z100.0;	抬刀并取消刀具长度补偿
M05;	主轴停转
G91 G28 Z0.0;	返回参考点
T02 M03;	换 2 号 ϕ10 钻头
S800 M03;	主轴正转,转速为 800r/min
G00 G43 Z50.0 H02;	刀具在 Z 方向快速到达初始平面,并建立刀具长度补偿
G81 G99 G16 X12.5 Y60.0 Z−28.0 R5.0 F80;	调用极坐标,钻凸台上第一象限的孔,钻孔后刀具返回到参考平面
Y180.0;	钻凸台上 X 轴上的孔
Y−60.0;	钻凸台上第四象限的孔
G15;	取消极坐标
X50.0 Y30.0;	对第一象限 ϕ20 的孔定位
X−50.0;	对第二象限 ϕ20 的孔定位
Y−30.0;	对第三象限 ϕ20 的孔定位
X50.0;	对第四象限 ϕ20 的孔定位
G49 G00 Z100.0;	抬刀并取消刀具长度补偿
M05;	主轴停转
G91 G28 Z0.0;	返回参考点
T03 M06;	换 3 号 ϕ20 钻头
S800 M03;	主轴正转,转速为 800r/min
G00 G43 Z50.0 H03;	刀具在 Z 方向快速到达初始平面并建立刀具长度补偿
G81 G99 X50.0 Y30.0 Z−28.0 R5.0 F80;	钻第一象限 ϕ20 孔
X−50.0;	钻第二象限 ϕ20 孔
Y−30.0;	钻第三象限 ϕ20 孔
X50.0;	钻第四象限 ϕ20 孔
G49 G00 Z100.0;	抬刀并取消刀具长度补偿
M05;	主轴停转
M30;	程序结束

5.1.6　子程序编程

5.1.6.1　子程序的含义

在编制加工程序中,有时会出现有规律、重复出现的程序段。将程序中重复的程序段单独抽出,并按一定格式单独命名,称之为子程序。采用子程序编程可以使复杂程序结构明晰、程序简短、增强数控系统编程功能。

主程序与子程序结构有所不同。相同之处在于二者都是完整的程序，都包括程序号、程序段、程序结束指令。不同之处在结束指令，主程序的结束指令为 M02 或 M30，子程序的结束指令为 M99。另外子程序不能单独运行，需由主程序或上层子程序调用执行，一个子程序调用另外一个子程序的功能称为子程序的嵌套，在 FANUC 系统中最多运行四级嵌套。

5.1.6.2 子程序的格式

(1) 子程序的调用格式

◎ M98 P×××× L××；

地址 P 后面的 4 位数字为子程序号，地址 L 的数字表示重复调用的次数，子程序号及调用次数前的 0 可省略不写。如果只调用 1 次子程序，则地址 L 及其后的数字可省略。例如"M98 P100 L5；"表示调用子程序 O0100，调用次数为 5 次。

◎ M98 P××××××××；

地址 P 后面的 8 位数字中，前 4 位表示调用的次数，后 4 位表示子程序号。采用这种调用格式时，调用次数前的 0 可以省略不写，但子程序号前的 0 不可省略。例如"M98 P50010；"表示调用子程序 O0010，调用次数为 5 次，而"M98 P510；"则表示调用子程序 O0510，调用次数为 1 次。

(2) 子程序的结束指令格式

子程序用 M99 表示子程序结束。

5.1.6.3 子程序的应用范围

① 实现零件的分层切削。当零件在 Z 方向上的切削深度较大，且由于机床和刀具刚性的限制无法一次切出，此时可利用子程序功能，即将 XY 平面内的刀具轨迹作为一个子程序，Z 方向采用增量方式依次下刀进行分层切削。

② 加工相同的轮廓形状。同一平面内有多个形状相同的轮廓需要加工，在编程时可以使用子程序功能，即编写一个轮廓的加工程序并将其作为子程序，然后在主程序中多次调用

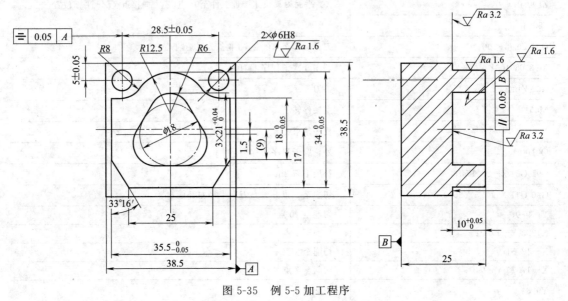

图 5-35 例 5-5 加工程序

即可加工全部轮廓。

③ 程序的内容具有相对的独立性。在加工较复杂的零件时，往往包含许多独立的工序，有时工序之间的调整也是容许的，为了优化加工顺序，可以把每一个工序编成一个独立的子程序，主程序中只需加入换刀和调用子程序等指令即可。

5.1.6.4 子程序的应用实例

例 5-5 使用数控铣床加工图 5-35 所示零件，要求使用子程序功能进行编程，且 Z 方向每次下刀量不得超过 2mm，具体加工程序见表 5-6。

表 5-6 例 5-5 的加工程序

外轮廓主程序为 O0505，外轮廓子程序为 O0100

用 φ12 的平底立铣刀加工外轮廓，每次下刀 2mm，走刀路线及节点坐标如下：

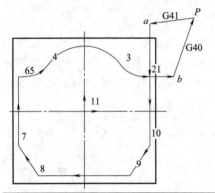

第 1 个点坐标：$X=17.750$ $Y=9.000$
第 2 个点坐标：$X=16.248$ $Y=9.000$
第 3 个点坐标：$X=9.907$ $Y=12.122$
第 4 个点坐标：$X=-9.907$ $Y=12.122$
第 5 个点坐标：$X=-16.248$ $Y=9.000$
第 6 个点坐标：$X=-17.750$ $Y=9.000$
第 7 个点坐标：$X=-17.750$ $Y=-9.000$
第 8 个点坐标：$X=-12.500$ $Y=-17.000$
第 9 个点坐标：$X=12.500$ $Y=-17.000$
第 10 个点坐标：$X=17.750$ $Y=-9.000$
第 11 个点坐标：$X=0.000$ $Y=0.000$

程序段	程序说明
O0505；	外轮廓主程序名称
G90 G94 G17 G21 G54；	程序初始设置
S1200 M03；	主轴正转，转速为 1200r/min
G00 X30.0 Y30.0；	XY 平面刀具快速接近工件至 P 点，Z 方向接近至 Z5 平面位置
Z100.0；	
Z5.0；	
G01 Z0.0 F100；	刀具下刀至 Z0 位置，准备分层切削
M98 P50100；	调用 5 次子程序 O0100
G00 Z100.0；	抬刀
M05；	主轴停转
M30；	程序结束
O0100；	外轮廓子程序名称
G91 G01 Z−2.0F50；	每层下刀 2mm
G90 G41 X17.75 Y25.0 D01；	切削至 a 点并建立刀具半径左补偿
Y−9.0；	切削至 10 点
X12.5 Y−17.0；	切削至 9 点
X−12.5；	切削至 8 点
X−17.75 Y−9.0；	切削至 7 点
Y9.0；	切削至 6 点

续表

程序段	程序说明
X－16.248；	切削至 5 点
G03 X－9.907 Y12.122 R8.0；	切削至 4 点
G02 X9.907 Y12.122 R12.5；	切削至 3 点
G03 X16.2487 Y9.0 R8.0；	切削至 2 点
G01 X25.0 Y9.0；	切削至 b 点
G40 X30.0 Y30.0；	切削至 P 点并取消刀具半径补偿
M99；	子程序结束

内腔主程序为 O0506,内腔子程序为 O0200

用 ϕ10 的键槽铣刀加工内腔,每次下刀 2mm,走刀路线及节点坐标如下:

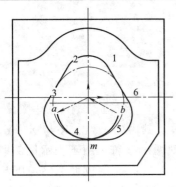

a 点坐标:X＝－6.0　　Y＝－4.5
m 点坐标:X＝0.0　　Y＝－10.5
b 点坐标:X＝6.0　　Y＝－4.5
1 点坐标:X＝5.196　　Y＝7.5
2 点坐标:X＝－5.196　　Y＝7.5
3 点坐标:X＝－10.392　　Y＝－1.5
4 点坐标:X＝－5.196　　Y＝－10.5
5 点坐标:X＝5.196　　Y＝－10.5
6 点坐标:X＝－10.392　　Y＝1.5

程序段	程序说明
O0506；	内腔主程序名称
G90 G94 G17 G21 G54；	程序初始设置
S1000 M03；	主轴正转,转速为 1000r/min
G00 X0.0 Y0.0；	XY 平面刀具快速接近工件至中心,Z 方向接近至 Z5 平面位置
Z100.0；	
Z5.0；	
G01 Z0.0 F100；	刀具下刀至 Z0 位置,准备分层切削
M98 P50200；	调用 5 次子程序 O0100
G00 Z100.0；	抬刀
M05；	主轴停转
M30；	程序结束
O0200；	内腔子程序名称
G91 G01 Z－2.0 F50；	每层下刀 2mm
G90 G41 X－6.0 Y－4.5 D02；	切削至 a 点并建立刀具半径左补偿
G03 X0.0 Y－10.5 R6.0；	切削至 m 点
G01 X5.196；	切削至 5 点
G03 X10.392 Y－1.5 R6.0；	切削至 6 点
G01 X5.196 Y7.5；	切削至 1 点
G03 X－5.196 Y7.5 R6.0；	切削至 2 点
G01 X－10.3932 Y－1.5；	切削至 3 点

续表

程序段	程序说明
G03 X−5.196 Y−10.5 R6.0；	切削至 4 点
G01 X0.0；	切削至 m 点
G03 X6.0 Y−4.5 R6.0；	切削至 b 点
G40 G01 X0.0 Y0.0；	切削至中心点并取消刀具半径补偿
M99；	子程序结束

5.1.7 坐标变换指令

5.1.7.1 比例缩放指令 G51/G50

（1）指令格式

格式 1：G51 I __ J __ K __ P __；

格式 2：G51 X __ Y __ Z __ P __；

格式 3：G51 X __ Y __ Z __ I __ J __ K __；

格式 4：G50；

格式 1 和格式 2 表示轮廓沿各坐标轴方向进行等比例缩放，其中的 I、J、K 与 X、Y、Z 含义相同，分别表示 X 轴、Y 轴、Z 轴，指令中一般只出现两个字符，用于表示比例缩放的中心。P 表示比例缩放系数，以整数形式进行指定，例如 P2000 表示放大 2 倍，P500 表示缩小 2 倍，P1000 表示不进行缩放。

格式 3 表示轮廓沿各坐标轴方向进行任意比例缩放，X、Y、Z 分别表示 X 轴、Y 轴、Z 轴，I、J、K 分别表示 X 轴、Y 轴、Z 轴的比例缩放系数，用小数形式进行指定，例如 G51X0Y0Z0 I0.5J2.0K1.0 表示以轮廓（0，0，0）为中心进行缩放，其中 X 轴方向缩小 2 倍，Y 轴方向扩大 2 倍，Z 轴方向不变。格式 4 中 G50 表示取消缩放。

（2）指令说明

◎ 在编写比例缩放程序过程中，要特别注意建立刀补程序段的位置，刀补程序段应写在缩放程序段内。

◎ 对圆弧轮廓进行比例缩放时，若进行等比例缩放，则缩放后仍为圆；若进行不同比例缩放时，则缩放后为椭圆。

◎ 比例缩放对刀具偏置值和刀具补偿值无效。

5.1.7.2 镜像指令 G51.1/G50.1

（1）指令格式

格式 1：G17 G51.1 X __ Y __；

　　　　　G50.1 X __ Y __；

格式 2：G17 G51.1 X __ Y __ I __ J __；

　　　　　G50；

格式 1 中的 X、Y 表示镜像轴或镜像点，当只出现一个字符时表示轴镜像，例如 G51.1X15.0 表示沿轴 X＝15.0 进行镜像；当出现两个字符时表示点镜像，例如

G51.1X15.0Y20.0 表示沿点 （15.0，20.0）进行镜像；镜像完成后用指令 G50.1 X ＿ Y ＿ 取消镜像功能。

格式 2 既可以实现镜像功能，也可以实现缩放功能。指令中的 X、Y 分别表示 X 轴和 Y 轴，I、J 分别表示 X 轴和 Y 轴的镜像因子。当 I、J 的符号为负则表示镜像，例如 G51.1 X20.0Y20.0I－1.0J－1.0 表示沿点 （20.0，20.0）进行镜像；当 I、J 数值大于 1 则表示放大，当 I、J 数值小于 1 则表示缩小，例如 G51.1 X20.0Y20.0I－2.0J－0.8 表示沿点 （20.0，20.0）进行镜像，同时 X 轴方向扩大 2.0，Y 轴方向缩小 0.8。镜像完成后用指令 G50 取消镜像功能。

（2）指令说明

◎ 镜像功能一般在 XY 平面内执行，由于 Z 轴为主轴，用于安装刀具，因此 Z 轴一般不进行镜像加工。

◎ 在指定平面内执行镜像功能时，若程序中有圆弧插补指令，则圆弧方向发生改变，即 G02 变成 G03，G03 变成 G02。

◎ 在指定平面内执行镜像功能时，若程序中有刀具半径补偿指令，则补偿方向发生改变，即 G41 变成 G42，G42 变成 G41。

5.1.7.3　坐标系旋转指令 G68/G69

（1）指令格式

G68 X ＿ Y ＿ R ＿ ；

G69 ；

G68 表示进行坐标系旋转，X、Y 表示旋转中心的坐标值，R 表示旋转角度，逆时针方向为正，顺时针方向为负，范围为－360°～360°；G69 表示撤销旋转功能。

（2）指令说明

◎ 当程序采用 G90 方式编程时，G68 程序段后的第一个程序段必须使用绝对值指令，才能确定旋转中心。如果这一程序段采用增量值，那么系统将以当前位置为旋转中心，按 G68 给定的角度旋转坐标系。

◎ 坐标旋转功能与其他功能所处的平面一定要在刀具半径补偿平面内。

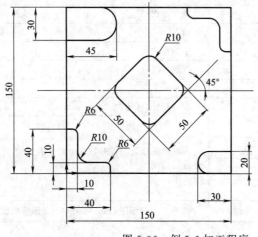
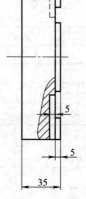

图 5-36　例 5-6 加工程序

◎ 在执行比例缩放指令后执行坐标系旋转指令时，则旋转中心坐标也执行比例缩放操作，但旋转角度不受影响。

5.1.7.4 坐标变换指令的应用

例 5-6 用立式加工中心加工图 5-36 所示零件，要求选择合适的坐标变换指令简化编程，具体程序见表 5-7。

表 5-7 例 5-6 的加工程序

用 $\phi20$ 立铣刀加工正方形凸台和右下角的圆头凸台，用 $\phi10$ 立铣刀加工左下角的凹槽轮廓，每次下刀 2.5mm。主程序为 O0515，正方形凸台的子程序为 O10，圆头凸台的子程序为 O20，凹槽轮廓的子程序为 O30。

程序段	程序说明
O0515；	正方形凸台主程序名称
G90 G94 G17 G21 G54；	程序初始设置
G91 G28 Z0.0；	返回参考点
T01M06；	换 $\phi20$ 立铣刀
S1200 M03；	主轴正转，转速为 1200r/min
G00 G90 G43 Z100.0 H01；	
G00 X−60.0 Y−90.0；	刀具快速接近工件并建立刀具长度补偿，下刀至 Z0 位置准备分层切削
Z5.0；	
G01 Z0.0 F100；	
G68 X0 Y0 R45；	坐标旋转 45°
M98 P20010；	调用 2 次子程序 O10
G00 Z100.0；	抬刀
G00 X95.0 Y−65.0；	
Z5.0；	快速接近工件，刀具下刀至 Z0 位置准备分层切削
G01 Z0.0 F100；	
M98 P20020；	调用 2 次子程序 O20，加工右下角圆头凸台
G00 Z5.0；	抬刀
G51.1 X0 Y0 I−1.5 J−1.5；	沿原点镜像且放大 1.5 倍
M98 P20020；	调用 2 次子程序 O20，加工左上角圆头凸台
G00 Z10.0；	抬刀
M05；	主轴停止
G91 G28 Z0.0；	返回参考点
T02 M06；	换 $\phi10$ 立铣刀
S1200 M03；	主轴正转，转速为 1200r/min
G00 G90 G43 Z100.0 H02；	
G00 X−90.0 Y−90.0；	刀具快速接近工件并建立刀具长度补偿，下刀至 Z−5 位置准备分层切削
Z5.0；	
G01 Z−5.0 F100；	
M98 P20030；	调用 2 次子程序 O30，加工左下角凹槽轮廓
G00 Z5.0；	抬刀

程序段	程序说明
G51.1 X0 Y0 I−1.0 J−1.0;	沿原点镜像
M98 P20030;	调用2次子程序O30,加工右上角凹槽轮廓
G00 Z10.0;	抬刀
M05;	主轴停转
M30;	程序结束
O10;	正方形凸台子程序名称
G91 G01 Z−2.5 F50;	
G90 G41 X−25 Y−80 D01;	
Y15.0;	
G02 X−15 Y25.0 R10;	水平的正方形凸台轮廓
G01 X15.0;	
G02 X25 Y15.0 R10;	
G01 Y−15.0;	
G02 X15 Y−25.0 R10;	
G01 X−15.0;	
G02 X−25 Y−15.0 R10;	
G03 X−40 Y0.0 R15;	
G40 G01 X−60 Y−90;	子程序结束
M99;	
O20;	圆头凸台子程序名称
G91 G01 Z−2.5 F50;	右下角的圆头凸台轮廓
G90 G41 X85 Y−75 D01;	
G01 X55.0;	
G02 X55 Y−55.0 R10;	
G01 X85.0;	
G40 G01 X95 Y−65;	
M99;	
O30;	凹槽子程序
G91 G01 Z−2.5 F50;	
G90 G41 X−35 Y−80 D02;	
Y−71;	
G03 X−41 Y−65 R6;	左下角的凹槽轮廓
G01 X−55;	
G02 X−65 Y−55 R10;	
G01 Y−41;	
G03 X−71 Y−35 R6;	
G01 X−75;	
G40 X−90 Y−90;	
M99;	

5.1.8 宏程序编程简介

5.1.8.1 用户宏程序概述

在数控编程中，尽管使用各种 CAD/CAM 软件编制数控加工程序已经成为主流，但是灵活、高效、快捷的宏程序编程仍然是加工编程的重要补充，在实际生产过程中具有广泛的应用空间。宏程序的最大特点就是将有规律的形状或尺寸用最短的程序段表示出来，具有极好的易读性和修改性，且编写的程序非常简洁、逻辑严密、通用性极强，而且机床在执行此类程序时，较执行 CAC/CAM 软件生成的程序更加快捷、反应更迅速。宏程序不仅可以实现像子程序那样，对编制相同加工操作的程序非常有用，还可以完成子程序无法实现的特殊功能，例如型腔加工宏程序、固定加工循环宏程序、球面加工宏程序、锥面加工宏程序等。

FANUC 0i 系统提供两种用户宏程序，即用户宏程序功能 A 和用户宏程序功能 B。由于 A 类宏程序使用"G65Hm"格式来表达各种数学运算和逻辑运算，极不直观，且可读性差，因而在实际工作中很少使用。本章仅就 B 类宏程序给予简单介绍。

5.1.8.2 用户宏程序的变量

(1) 变量的定义

普通数控加工程序直接用地址码和数值来进行编程，例如 G01 X100.0，而用户宏程序可以用变量来代替数值进行编程，例如 #11＝#22＋15，G01 X#11 F500；因此可以简化编程过程，在加工同一类零件时，只需将实际数值赋予变量即可，而不必对每个零件都编一个程序。宏变量用符号"#"加上变量号来指定，例如 #11。变量号可以用数字直接指定，也可以用表达式来指定，但是表达式必须封闭在括号中，例如 # [#22＋#18−156]。变量值可通过程序或由 MDI 来进行设定或修改。

(2) 变量的类型

FANUC 数控系统变量表示形式为 # 后跟 1～4 位数字，变量有四种类型，见表 5-8。

表 5-8　变量类型

变量号	变量类型	功　能
#0	空变量,该变量总是空	没有任何值能赋给该变量
#1～#33	局部变量	局部变量只能用在宏程序中存储数据,例如运算结果。当断电时局部变量被初始化为空,调用宏程序时自变量对局部变量赋值
#100～#199 #500～#999	公共变量	公共变量,在不同的宏程序中的意义相同。当断电时,变量 #100～#199 初始化为空变量;#500～#999 的数据保存,即使断电也不丢失
#1000～	系统变量	系统变量,用于读和写 CNC 运行时各种数据的变化,例如刀具的当前位置和补偿值等

(3) 变量的引用

◎ 在程序中引用变量值时，应指定变量号的地址，例如 G01 X#1 Z#2 F#3；当用表达式指定变量时，必须把表达式放在括号中，例如 G01 X [#100−30.0] Z [−#105] F#5。

◎ 被引用变量的数值根据地址的最小设定单位自动舍入，例如机床以 1/1000mm 的单位执行程序段 G00 X#106 时，CNC 把 12.4567 赋值给变量 #106，实际指令值为 12.457。

◎ 若要改变引用变量数值的符号，则应把"—"放在"♯"的前面，例如 G00 X—♯20.0。

◎ 在宏程序中定义变量值的小数点可以省略，例如当定义♯11＝123，变量♯11的实际值是 123.000。

（4）变量的赋值

◎ 变量可以用 MDI 方式直接赋值，也可在程序中以等式方式进行赋值，但等号左边只能为单个变量，不能为表达式。例如：♯100＝100.0；♯100＝30.0＋20.0。

◎ 宏程序以子程序方式出现，所用的变量可以在宏程序调用时赋值，具体见 5.1.8.4 节内容。例如：G65 P1000 X100.0 Y30.0 Z20.0 F100。

5.1.8.3　算数运算与逻辑运算

在使用宏程序功能进行编程时，变量不仅可以按照函数、乘除、加减的顺序进行算数运算，还可以进行与、或、异或等逻辑运算，具体见表5-9。

表 5-9　算数运算和逻辑运算一览表

功能		格式	备注
定义、置换		♯i＝♯j	
算数运算	加法	♯i＝♯j＋♯k	
	减法	♯i＝♯j－♯k	
	乘法	♯i＝♯j＊♯k	
	除法	♯i＝♯j/♯k	
	正弦	♯i＝sin[♯j]	
	反正弦	♯i＝asin[♯j]	三角函数及反三角函数的数值均以度为单位来指定，例如 90°30′应表示为90.5°
	余弦	♯i＝cos[♯j]	
	反余弦	♯i＝acos[♯j]	
	正切	♯i＝tan[♯j]	
	反正切	♯i＝atan[♯j]/[♯k]	
	平方根	♯i＝SQRT[♯j]	
	绝对值	♯i＝ABS[♯j]	
	舍入	♯i＝ROUNG[♯j]	
	上取整	♯i＝FIX[♯j]	
	下取整	♯i＝FUP[♯j]	
	自然对数	♯i＝LN[♯j]	
	指数函数	♯i＝EXP[♯j]	
逻辑运算	或	♯i＝♯jOR♯k	
	与	♯i＝♯jAND♯k	逻辑运算一位一位地按二进制数执行
	异或	♯i＝♯jXOR♯k	
从 BCD 转为 BIN		♯i＝BIN[♯j]	用于与PMC的信号交换
从 BIN 转为 BCD		♯i＝BCD[♯j]	

5.1.8.4　转移和循环

在程序中使用 GOTO 语句和 IF 语句可以改变控制的流向，有三种转移和循环操作可供使用。

（1）无条件循环（GOTO 语句）

格式为：GOTO n（n 为程序段的顺序号，取值范围 1～99999）

GOTO 语句的功能是转移到 n 程序段。例 GOTO 10；则程序转移至第 10 行。

（2）条件转移（IF 语句）

IF 之后指定条件表达式。

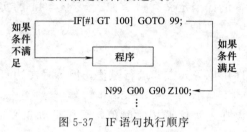

图 5-37　IF 语句执行顺序

◎ IF［条件表达式］GOTO n

如果指定的条件表达式满足时，转移到标有顺序号 n 的程序段。如果指定的条件表达式不满足，执行下个程序段，如图 5-37 所示。

◎ IF［条件表达式］THEN

如果条件表达式满足，执行预先定义的宏程序语句，而且只执行一个宏程序语句。

例：如果 $\#1$ 和 $\#2$ 的值相同，0 赋给 $\#3$

IF［$\#1$EQ$\#2$］THEN $\#3=0$；

需要说明的是：条件表达式必须包括运算符，运算符用于两个值的比较，具体见表 5-10。

表 5-10　运算符

运算符	含义	英文注释
EQ	等于(=)	Equal
NE	不等于(≠)	Not Equal
GT	大于(>)	Great Than
GE	大于等于(≥)	Great than or Equal
LT	小于(<)	Less Than
LE	小于等于(≤)	Less Than or Equal

（3）循环（WHILE 语句）

在 WHILE 后指定一个条件表达式，当指定条件满足时，执行从 DO 到 END 之间的程序。否则转到 END 后的程序段，如图 5-38 所示。

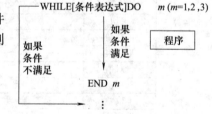

图 5-38　WHILE 语句执行顺序

5.1.8.5　宏程序的调用

（1）非模态调用指令 G65

指令格式：G65　P<p> L<l>　<自变量赋值>

<p>：表示要调用的程序号。

<l>：重复次数。

<自变量赋值>：传递到宏程序中的数据。

具体使用情况如下所示：

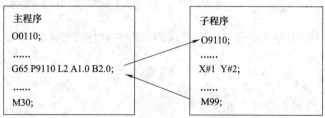

```
主程序                     子程序
O0110;                    O9110;
......                    ......
G65 P9110 L2 A1.0 B2.0;   X#1  Y#2;
......                    ......
M30;                     M99;
```

局部变量的赋值有两种类型，即自变量赋值 I 地址和自变量赋值 II 地址，分别见表5-11

和表 5-12。

表 5-11 变量赋值 I

自变量赋值 I 地址	宏主体中的变量	自变量赋值 I 地址	宏主体中的变量
A	#1	Q	#17
B	#2	R	#18
C	#3	S	#19
D	#7	T	#20
E	#8	U	#21
F	#9	V	#22
H	#11	W	#23
I	#4	X	#24
J	#5	Y	#25
K	#6	Z	#27
M	#13		

表 5-12 变量赋值 II

自变量赋值 II 地址	宏主体中的变量	自变量赋值 II 地址	宏主体中的变量	自变量赋值 II 地址	宏主体中的变量
A	#1	K_3	#12	J_7	#23
B	#2	I_4	#13	K_7	#24
C	#3	J_4	#14	I_8	#25
I_1	#4	K_4	#15	J_8	#26
J_1	#5	I_5	#16	K_8	#27
K_1	#6	J_5	#17	I_9	#28
I_2	#7	K_5	#18	J_9	#29
J_2	#8	I_6	#19	K_9	#30
K_2	#9	J_6	#20	I_{10}	#31
I_3	#10	K_6	#21	J_{10}	#32
J_3	#11	I_7	#22	K_{10}	#33

（2）模态调用与取消指令 G66/G67

指令格式：G66 P$<p>$ L$<l>$ ＜自变量赋值＞

＜p＞：表示要调用的程序号。

＜l＞：重复次数。

＜自变量赋值＞：传递到宏程序中的数据。

具体使用情况如下所示：

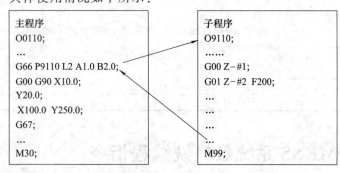

```
主程序                          子程序
O0110;                          O9110;
...                             ......
G66 P9110 L2 A1.0 B2.0;         G00 Z-#1;
G00 G90 X10.0;                  G01 Z-#2 F200;
Y20.0;                          ...
X100.0 Y250.0;                  ...
G67;                            ...
...                             M99;
M30;
```

5.1.8.6 用户宏程序的应用实例

例 5-7 在数控铣床上用 ϕ12 球头铣刀精加工图 5-39 所示的半球内腔，试编制通用宏程序（见表 5-13），使其不受刀具半径和球半径的影响。

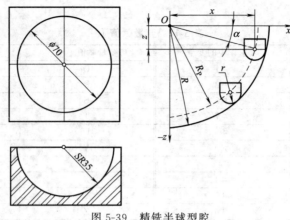

图 5-39 精铣半球型腔

表 5-13 半球型腔精加工程序

主程序：O0222	
程序段	说　明
G90 G54 G17 G00 X0 Y0；	设定坐标系,刀具运动至球心处
G43 Z5. H01 M08；	刀具到达初始平面并建立长度补偿
M03 S2000；	主轴正转
G65 P9800 A35. B6. D5. ；	调用宏程序精加工半球型腔
G00 G49 Z100；	抬刀并取消刀具长度补偿
M05；	主轴停止
M30；	程序结束
自变量赋值说明	
自变量	说明
#1＝(A)	球半径
#2＝(B)	刀具半径
#7＝(D)	刀心与 X 轴正方向的夹角
宏程序：O9800；	
#101＝#1；	定义变量
#102＝#2；	
#103＝#1－#2；	
#104＝#7；	
G00 X[#103]；	刀具 X 轴定位
G01 Z0 F120；	下刀至 Z0 平面
WHILE[#104 LE 90]DO 1；	调用 WHILE 循环,刀具进行等角度下刀,然后在该平面内切削整圆,角度依次递增5°
#110＝#103 * COS[#104]；	
#120＝#103 * SIN[#104]；	
G01 X[#110] Z－[#120] F80 ；	
G02 I－[#110]；	
#104＝#104 ＋ #7；	
END 1；	
M99；	子程序结束

5.2　SIEMENS 系统数控铣编程指令

5.2.1　SIEMENS 系统编程概述

SIEMENS 系统数控铣床编程技术与 FANUC 系统的编程技术有很多相同的地方,本章仅就二者之间的不同之处予以简单介绍。常见的准备功能 G 指令见表 5-14。

表 5-14　SIEMENS840D 准备功能代码

地址	组别	功能及说明		指 令 格 式
G0		快速点定位		G0 X...Y...Z... G0 AP=... RP=...
▲G1		直线插补		G1 X...Y...Z...F... G1 AP=... RP=... F...
G2/G3	01	通过终点、圆心、半径、圆心角等进行圆弧插补		G2/G3 X... Y... Z... I... J... K... G2/G3 AP=... RP=... G2/G3 X... Y... Z... CR=... G2/G3 AR=... I... J... K... G2/G3 AR=... X... Y... Z...
CIP		通过中间点的圆弧插补		CIP X... Y... Z... I1=... J1=... K1=...
CT		带切线过渡的圆弧插补		CT X... Y... Z
★G74	2	机床回参考点		G74 X1=0 Y1=0 Z1=0 A1=0
★G75		返回固定点		G75 FP= X1=0 Y1=0 Z1=0
★G25		限制工作区域	限制工作区域下限	G25 X...Y...Z...
★G26			限制工作区域上限	G26 X...Y...Z...
			使用工作区域限制	WALIMON
			取消工作区域限制	WALIMOF
★G110		定义极坐标	相对于刀具最近到达位置定义极点	G110X...Y...
★G111			相对于当前工件坐标系原点定义极点	G111 X...Y...
★G112	03		相对于上一个有效极点定义极点	G112 X...Y...
			极角	AP=
			极半径	RP=
★TRANS		可编程框架	平移:可编程平移	TRANS X... Y... Z...
★ATRANS			附加平移:可编程附加平移	ATRANS X... Y... Z...
★ROT			旋转:可编程旋转	ROT X... Y... Z... ROT RPL=...
★AROT			附加旋转:可编程旋转	AROTX... Y... Z... AROT RPL=...
★SCALE			缩放:可编程缩放	SCALE X... Y... Z...
★ASCALE			附加缩放:可编程缩放	ASCALE X... Y... Z...
★MIRROR			镜像:可编程镜像	MIRROR X0 Y0 Z0
★AMIRROR			附加镜像:可编程镜像	AMIRROR X0 Y0 Z0
▲G17		选择 XY 平面		G17
G18	06	选择 ZX 平面		G18
G19		选择 YZ 平面		G19
▲G40		取消刀具半径补偿		G40
G41	07	刀具半径左补偿		G41 G0/G1 X... Y...
G42		刀具半径右补偿		G42 G0/G1 X... Y...
D		补偿号		D...
G54～G57		调用第 2～5 个可设定零点偏移		G54 或 G55 或 G56 或 G57
G505～G599	08	调用第 6～99 可设定零点偏移		G505 ... G599
G500		取消可设定零点偏移/框架(G54 到 G599)		G500

地址	组别	功能及说明	指令格式
★G53	09	以程序段方式取消当前可设定零点偏移和可编程零点偏移	G53
★SUPA		取消 G53 并包括其他系统框架	SUPA
G70	13	英制输入	G70
G700		英制输入,也用于进给率	G700
▲G71		公制输入	G71
G710		公制输入,也用于进给率	G710
▲G90	14	绝对尺寸数据输入	G90 或 X＝AC(…) Y＝AC(…) Z＝AC(…)
G91		增量尺寸数据输入	G91 或 X＝IC(…) Y＝IC(…) Z＝IC(…)
DC	回转轴编程	回转轴以直接最短的方式返回到用绝对坐标编程的位置	A＝DC(…) B＝DC(…) C＝DC(…)
ACP		回转轴以逆时针方向返回到用绝对坐标编程的位置	A＝ACP(…) B＝ACP(…) C＝ACP(…)
ACN		回转轴以顺时针方向返回到用绝对坐标编程的位置	A＝ACN(…) B＝ACN(…) C＝ACN(…)
G2/G3,TURN	螺旋插补	螺旋线插补	G2/G3 X… Y… Z… I… J… K… TURN＝ G2/G3 XV Y… Z… I… J… K… TURN＝ G2/G3 AR＝… I… J… K… TURN＝ G2/G3 AR＝… X… Y… Z… TURN＝ G2/G3 AP＝… RP＝… TURN＝
CHF/RND	倒角倒圆	轮廓倒角或倒圆	CHF＝… RND＝…
CYCLE81	钻孔循环	钻削,定中心	CYCLE81(RTP,RFP,SDIS,DP,DPR)
CYCL82		钻削,锪平面	CYCLE82(RTP,RFP,SDIS,DP,DPR,DTB)
CYCLE83		深孔钻削	CYCLE83(RTP,RFP,SDIS,DP,DPR,FDEP,FDPR,DAM,DTB,DTS,FRF,VARI)
CYCLE84		攻螺纹,不带补偿衬套	CYCLE84（RTP, RFP, SDIS, DP, DPR, DTB, SDAC,MPIT,PIT,POSS,SST,SST1)
CYCLE840		攻螺纹,带补偿衬套	CYCLE840（RTP, RFP, SDIS, DP, DPR, DTB, SDR,SDAC,ENC,MPIT,PIT)
CYCLE85		镗孔 1	CYCLE85（RTP, RFP, SDIS, DP, DPR, DTB, FFR,RFF)
CYCLE86		镗孔 2	CYCLE86（RTP, RFP, SDIS, DP, DPR, DTB, SDIR,RPA,RPO,RPAP,POSS)
CYCLE87		镗孔 3	CYCLE87（RTP, RFP, SDIS, DP, DPR, DTB, SDIR)
CYCLE88		镗孔 4	CYCLE88（RTP, RFP, SDIS, DP, DPR, DTB, SDIR)
CYCLE89		镗孔 5	CYCLE89(RTP,RFP,SDIS,DP,DPR,DTB)
HOLES1		成排孔	HOLES1（SPCA, SPCO, STA1, FDIS, DBH, NUM)
HOLES2		圆弧孔	HOLES2（CPA,CPO,RAD,STA1,INDA,NUM)
CYCLE90	铣削循环	铣螺纹	CYCLE90（RTP, RFP, SDIS, DP, DPR, DIATH, KDIAM,PIT,FFR,CDIR,TYPTH,CPA,CPO)
LONGHOLE		一个圆弧上的长方形孔	LONGHOLE（RTP,RFP,SDIS,DP,DPR,NUM, LENG,CPA,CPO,RAD,STA1,INDA,FFD,FFP1, MID)

续表

地址	组别	功能及说明	指令格式
SLOT1	铣削循环	一个圆弧上的键槽	SLOT1（RTP, RFP, SDIS, DP, DPR, NUM, LENG, WID, CPA, CPO, RAD, STA1, INDA, FFD, FFP1, MID, CDIR, FAL, VARI, MIDF, FFP2, SSF, FALD, STA2）
SLOT2		环形槽	SLOT2（RTP, RFP, SDIS, DP, DPR, NUM, AFSL, WID, CPA, CPO, RAD, STA1, INDA, FFD, FFP1, MID, CDIR, FAL, VARI, MIDF, FFP2, SSF, FFCP）
POCKET1		铣削矩形槽	POCKET1（RTP, RFP, SDIS, DP, DPR, LENG, WID, CRAD, CPA, CPD, STA1, FFD, FFP1, MID, CDIR, FAL, VARI, MIDF, FFP2, SSF）
POCKET2		铣削环形凹槽	POCKET2（RTP, RFP, SDIS, DP, DPR, PRAD, CPA, CPO, FFD, FFP1, MID, CDIR, FAL, VARI, MIDF, FFP2, SSF）

注：1. 表中带有符号"▲"的指令表示开机默认指令。

2. 表中带"★"的指令为非模态指令，其余指令为模态指令。

5.2.2 基本编程指令

5.2.2.1 可设定的零点偏移指令 G54～G57，G505～G599，G53，G500

（1）指令格式

G54～G57

G505～G599

G53

G500

可设定的零点偏移是指用 G54 到 G599 指令调用偏移值来建立工件坐标系，其中偏移值是由操作人员预先设定存储到控制系统的零点存储器中。G54～G57 用于调用第 2～5 个可设定的零点偏移，G505～G599 用于调用第 6～99 个可设定的零点偏移，G53 以程序段方式取消当前可设定零点偏移和可编程零点偏移，G500 用于取消可设定零点偏移/框架（G54～G599）。

（2）指令应用

例 5-8 如图 5-40 所示的示例中有 3 个工件，它们分别固定在随行夹具中并与零点偏移值 G54 到 G56 相对应，依次调用零点偏置编制加工程序。

G0 G90 X10 Y10 F500 T1　初设设置

G54 S1000 M3 调用第一个零点偏移

L47　调用子程序加工轮廓

G55 G0 Z100 调用第二个零点偏移

L47　调用子程序加工轮廓

G56　G0 Z100 调用第三个零点偏移

L47　调用子程序加工轮廓

G53 X200 Y300 M30 取消零点偏置，程序结束

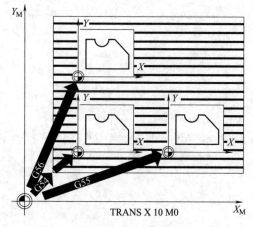

图 5-40　可设定零点偏移

5.2.2.2　圆弧插补指令 G2，G3，CIP，CT

　　G2 表示顺时针圆弧插补，G3 表示逆时针圆弧插补，CIP 表示通过中间点进行圆弧插补，CT 表示带切线过渡的圆弧插补，各指令格式及具体说明见表 5-15。

表 5-15　圆弧插补指令

指令格式及参数说明	指令应用
格式 1：G2/G3 X… Y… Z… I… J… K… 格式 2：G2/G3 X… Y… Z… CR＝… 　　X、Y、Z 表示直角坐标系下圆弧终点的坐标值，I、J、K 表示直角坐标系下圆心相对起点的坐标增量，CR＝表示圆弧半径	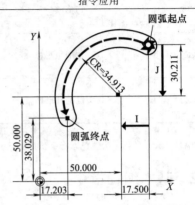 G3 X17.203 Y38.029 I－17.5 J－30.211 F500 G3 X17.203 Y38.029 CR＝34.913 F500
格式 3：G2/G3 AR＝… X… Y… Z… 格式 4：G2/G3 AR＝… I… J… K… 　　AR＝表示圆弧圆心角，X、Y、Z 表示直角坐标系下圆弧终点的坐标值，I、J、K 表示直角坐标系下圆心相对起点的坐标增量	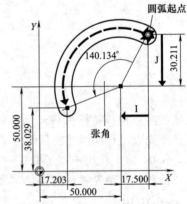 G3 X17.203 Y38.029 AR＝140.134 F500 G3 I－17.5 J－30.211 AR＝140.134 F500
格式 5：G2/G3 AP＝… RP＝… 　　AP 表示极坐标系下圆弧终点的极角，RP 表示极坐标系下圆弧终点的极半径	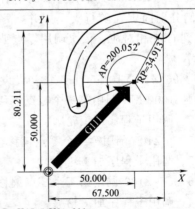 N10 G0 X67.5 Y80.211 N20 G111 X50 Y50 N30 G3 RP＝34.913 AP＝200.052 F500

指令格式及参数说明	指令应用
格式 6：CIP X...Y...Z...I1＝...J1＝... K1＝... X、Y、Z 表示直角坐标系下圆弧终点的坐标值，I1＝、J1＝、K1＝表示圆弧中间点的坐标值	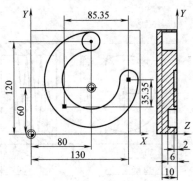 N10 G0 G90 X130 Y60 S800 M3 N20 G17 G1 Z－2　F100 N30 CIP X80 Y120 Z－10 I1＝IC（－85.35）J1＝IC（－35.35）K1＝－6
格式 7：CT　X... Y... Z... X、Y、Z 表示直角坐标系下圆弧终点的坐标值	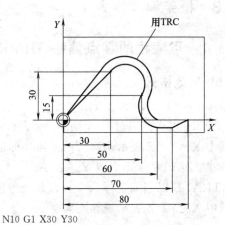 N10 G1 X30 Y30 N20 CT X50 Y15 N30 X60 Y－5

5.2.2.3　螺旋线插补指令 G2/G3，TURN

(1) 指令格式

G2/G3 X... Y... Z... I... J... K... TURN＝

G2/G3 X... Y... Z... CR＝... TURN＝

G2/G3 AR＝... I... J... K... TURN＝

G2/G3 AR＝... X... Y... Z... TURN＝

G2/G3 AP... RP＝... TURN＝

螺旋线插补实际上是水平圆弧运动与垂直直线运动的叠加，它可以用来加工螺纹、油槽等，指令中的 TURN＝表示附加圆弧运行次数（范围从 0～999），其他参数的含义同圆弧插补指令。

（2）指令应用

例 5-9　使用螺旋插补指令编制图 5-41 所示零件的加工程序。

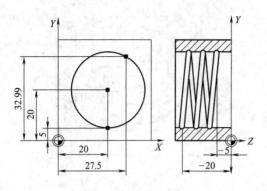

图 5-41　螺旋插补应用

N10 G17 G0 X27.5 Y32.99 Z3

刀具回到起始位置

N20 G1 Z－5 F50

刀具下刀

N30 G3 X20 Y5 Z－20 I＝AC（20）

J＝AC（20）TURN＝2

执行两个整圆的螺旋插补

N40 M30

程序结束

5.2.3　框架编程指令

5.2.3.1　可编程的零点偏移 TRANS，ATRANS

（1）指令格式

格式 1：TRANS X... Y... Z...

TRANS 以当前通过 G54 到 G599 进行设定的坐标系为基准，通过绝对值设置来偏移零点，其中 X、Y、Z 表示偏移后的零点坐标值。

格式 2：ATRANS X... Y... Z...

ATRANS 以当前坐标系（可以是经过偏移、旋转等操作后的坐标系）为准对其进行偏移，其中 X、Y、Z 表示偏移距离。

（2）指令应用

例 5-10　图 5-42 所示工件中有多个相同轮廓，使用零点偏移指令编制加工程序。

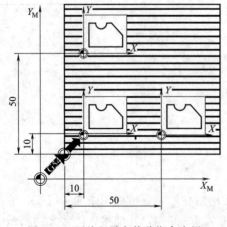

图 5-42　可编程零点偏移指令应用

N10　G54　调用 G54 工件零点

N20　G0 X0 Y0 Z2　加工起始点

N30　TRANS X10 Y10　绝对偏移

N40　L10　调用子程序

N50　TRANS X50 Y10　绝对偏移

　或 ATRANS X40 Y0　相对偏移

N60　L10　调用子程序

N70　TRANS X10 Y50　绝对偏移

　或 ATRANS X－40 Y40　相对偏移

N80　L10　调用子程序

N90　M30 程序结束

5.2.3.2 可编程的零点旋转 ROT，AROT

（1）指令格式

格式1：ROT　X... Y... Z...
　　　　ROT　RPL=...

ROT 以当前通过 G54 到 G599 进行设定的坐标系为基准，通过绝对值来设置旋转位置，其中 X、Y、Z 表示围绕几何轴进行空间旋转，RPL=... 表示平面内的旋转角度。

格式2：AROT X... Y... Z...
　　　　AROT RPL=...

AROT 以当前坐标系（可以是经过偏移、旋转等操作后的坐标系）为准对其进行旋转，其中 X、Y、Z 表示围绕几何轴进行空间旋转，RPL=... 表示平面内的旋转角度。

（2）指令应用

例 5-11　图 5-43 所示工件中有多个相同轮廓，使用零点偏移和零点旋转指令编制加工程序。

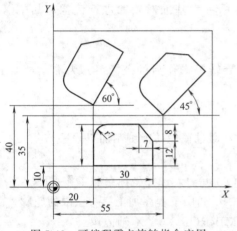

图 5-43　可编程零点旋转指令应用

N10　G17 G54　选择工作平面和零点
N20　TRANS X20 Y10　绝对偏移
N30　L10　调用子程序
N40　TRANS X55 Y35 绝对偏移
N50　AROT RPL=45 坐标系旋转 45°
N60　L10　调用子程序
N70　TRANS X20 Y40　绝对偏移
N80　AROT RPL=60　附加旋转 60°
N90　L10　调用子程序
N100　G0 X100 Y100　退刀
N110　M30　程序结束

5.2.3.3 可编程的比例缩放 SCALE，ASCALE

（1）指令格式

格式1：SCALE X... Y... Z...

SCALE 以当前通过 G54 到 G599 进行设定的坐标系为基准对轮廓进行缩放，其中 X、Y、Z 表示缩放系数。

格式2：ASCALE X... Y... Z...

ASCALE 以当前坐标系（可以是经过偏移、旋转等操作后的坐标系）为准，对加工轮廓进行缩放，其中 X、Y、Z 表示缩放系数。

（2）指令应用

例 5-12　图 5-44 所示工件中有两个形状相同的轮廓，通过零点偏移、旋转、缩放功能编制加工程序。

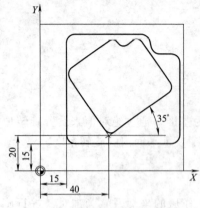

图 5-44 可编程的比例缩放应用

N10 G17 G54 选择工作平面和坐标系
N20 TRANS X15 Y15 零点绝对偏移
N30 L10 调用子程序加工大的凹槽
N40 TRANS X40 Y20 零点绝对偏移
N50 AROT RPL＝35 平面中旋转 35°
N60 ASCALE X0.7 Y0.7 等比例缩小
N70 L10 调用子程序加工小的凹槽
N80 G0 X300 Y100 M30 退刀程序结束

5.2.3.4 可编程的镜像 MIRROR，AMIRROR

（1）指令格式

格式 1：MIRROR X0 Y0 Z0

SCALE 以当前通过 G54～G599 进行设定的坐标系为基准对轮廓进行镜像，其中 X、Y、Z 表示进行镜像的坐标轴。

格式 2：AMIRROR X0 Y0 Z0

AMIRROR 以当前坐标系（可以是经过偏移、旋转等操作后的坐标系）为准，对加工轮廓进行镜像，其中 X、Y、Z 表示进行镜像的坐标轴。

（2）指令应用

例 5-13 图 5-45 所示工件中有四个相同的轮廓，通过镜像功能编制加工程序。

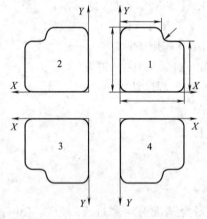

图 5-45 可编程的镜像应用

N10 G17 G54 选择坐标系和工作平面
N20 L10 调用子程序加工第一象限的轮廓
N30 MIRROR X0 X 轴镜像
N40 L10 调用子程序加工第二象限的轮廓
N50 AMIRROR Y0 Y 轴镜像
N60 L10 调用子程序加工第三象限的轮廓
N70 MIRROR Y0 Y 轴镜像
N80 L10 调用子程序加工第四象限的轮廓
N90 MIRROR 取消镜像
N100 G0 X300 Y100 M30 退刀程序结束

5.2.4 钻孔循环指令

5.2.4.1 钻孔加工循环 CYCLE81/ CYCLE82/ CYCLE83

（1）指令格式

CYCLE81（RTP，RFP，SDIS，DP，DPR）

CYCLE82（RTP，RFP，SDIS，DP，DPR，DTB）

CYCLE83（RTP，RFP，SDIS，DP，DPR，FDEP，FDPR，DAM，DTB，DTS，FRF，VARI）

CYCLE81 主要用于钻中心孔，使刀具按照编程的主轴速度和进给率钻孔直至到达输入的最后的钻孔深度。CYCLE82 主要用于锪平头孔或加工台阶孔，与 CYCLE81 相比，区别在于刀具到达最后钻孔深度时有暂停。CYCLE83 主要用于加工深孔，与 CYCLE81 相比，钻孔过程中刀具反复执行进给、退出、进给动作，直至到达最后钻孔深度，钻头退出目的在于排屑。指令中各参数的具体含义见表 5-16。

表 5-16 钻孔指令中参数含义

参数符号	参数类型	参 数 含 义
RTP	实数	返回平面（用绝对值进行编程）
RFP	实数	参考平面（用绝对值进行编程）
SDIS	实数	安全间隙（无符号编程）
DP	实数	最后钻孔深度（用绝对值进行编程）
DPR	实数	相对于参考平面的最后钻孔深度（无符号编程）
DTB	实数	最后钻孔深度时的停顿时间（单位为秒）
FDEP	实数	起始钻孔深度（用绝对值进行编程）
FDPR	实数	相当于参考平面的起始钻孔深度（无符号编程）
DAM	实数	相对于上次钻孔深度的 Z 向退回量（无符号编程）
DTB	实数	最后钻孔深度时的停顿时间（单位为秒）
DTS	实数	起始点处用于排屑的停顿时间（VARI=1 时有效）
FRF	实数	钻孔深度上的进给率系数（无符号输入，系数不大于 1，由于在固定循环中没有指定进给速度，所以将前面程序中的进给速度用于固定循环，并通过该系数来调整进给速度的大小）
VARI	整数	VARI=0 为断屑，钻头在每次到达钻孔深度后返回 DAM 进行断屑 VARI=1 为排屑，钻头在每次到达钻孔深度后返回加工开始平面进行排屑

（2）指令的应用

例 5-14 使用钻孔循环指令 CYCLE81 加工图 5-46 所示工件中的 3 个孔，钻孔轴始终为 Z 轴。

钻孔程序如下：

```
ZK1. MPF
G17 G90 F200 S300 M3（技术值定义）
D3 T3 Z110（接近返回平面）
G0 X40 Y120（接近初始钻孔位置）
CYCLE81（110，100，2，35）（钻孔）
G0Y30（移到下一个钻孔位置）
CYCLE81（110，102，，35）（钻孔）
G0X90（移到下一个钻孔位置）
CYCLE81（110，100，2，，65）（钻孔）
M02（程序结束）
```

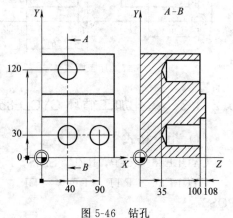

图 5-46 钻孔

5.2.4.2 螺纹孔加工循环 CYCLE84/CYCLE840

（1）指令格式

CYCLE84（RTP，RFP，SDIS，DP，DPR，DTB，SDAC，MPIT，PIT，POSS，SST，SST1）

CYCLE840（RTP，RFP，SDIS，DP，DPR，DTB，SDR，SDAC，ENC，MPIT，PIT）

CYCLE84 指令使刀具以编程的主轴速度和进给率进行钻削直至定义的最终螺纹深度。CYCLE840 指令与 CYCLE84 相比，可以进行带补偿夹具的攻螺纹。指令中的 RTP、RFP、SDIS、DP、DPR、DTB 的含义同表 5-16，其他各参数的含义见表 5-17。

表 5-17　螺纹孔加工循环指令参数含义

参数符号	参数类型	参数含义
SDAC	整数	循环结束后的旋转方向值 3、4、5 分别代表 M3、M4、M5
MPIT	实数	标准螺距（有符号），数值由螺纹尺寸决定，取值范围为 3~48，分别代表 M3~M48，符号决定了在螺纹中的旋转方向
PIT	实数	螺距由数值决定，数值范围 0.001~2000.000mm，符号代表螺纹中的旋转方向
POSS	实数	循环中定位主轴的位置（以度为单位）
DTB	实数	最后钻孔深度时的停顿时间，单位为秒
SST	实数	攻螺纹进给速度
SST1	实数	退回速度
SDR	整数	返回时的主轴旋转方向，取值 0 表示旋转方向自动颠倒，取值 3 表示 M3，取值 4 表示 M4
ENC	整数	是否带编码器攻螺纹，取值 0 表示带编码器，取值表示 1 不带编码器

（2）指令的应用

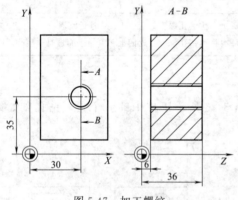

图 5-47　加工螺纹

例 5-15　用 CYCLE84 指令加工图 5-47 中 X30Y35 处的 M5 螺纹，钻孔轴始终为 Z 轴。

螺纹加工程序如下：

LWJG. MPF

T1 D1M06（选择刀具）

M03 S500（主轴旋转）

G17 G90 G54 G00 X30 Y35 Z40（返回钻削位置）

CYCLE84（40，36，2，，30，，3，5，，90，200，500）（螺纹切削循环）

M30（程序结束）

5.2.4.3 镗孔加工循环 CYCLE85/CYCLE86/CYCLE87/CYCLE88/CYCLE89

（1）指令格式

CYCLE85（RTP，RFP，SDIS，DP，DPR，DTB，FFR，RFF）

CYCLE86（RTP，RFP，SDIS，DP，DPR，DTB，SDIR，RPA，RPO，RPAP，POSS）

CYCLE87（RTP，RFP，SDIS，DP，DPR，DTB，SDIR）

CYCLE88（RTP，RFP，SDIS，DP，DPR，DTB，SDIR）

CYCLE89（RTP，RFP，SDIS，DP，DPR，DTB）

镗孔指令 CYCLE85 使刀具按编程的主轴速度和进给率钻孔直至到达定义的最后孔底深度。与 CYCLE85 相比，CYCLE86 指令的区别在于到达钻孔深度，便激活了定位主轴停止功能；CYCLE87 指令到达钻孔深度，便激活了不定位主轴停止功能 M5 和编程的停止 M0；CYCLE88 指令到达最后钻孔深度时会产生停顿时间，无方向 M5 的主轴停止和编程的停止 M0；CYCLE89 指令在到达最后的钻孔深度，可以编程停顿时间。指令中 RTP、RFP、SDIS、DP、DPR、DTB 的含义同表 5-16，其他各参数的含义见表 5-18。

表 5-18　镗孔加工循环指令参数

参数符号	参数类型	参 数 含 义
FFR	实数	刀具切削进给时的进给速率
RFF	实数	刀具从最后加工深度退回加工开始平面时的进给速率
SDIR	整数	旋转方向，取值为 3 或 4，分别代表 M3 和 M4
RPA	实数	横坐标返回路径，到达最后钻孔深度并执行定位主轴停止后执行此返回路径
RPO	实数	纵坐标返回路径，到达最后钻孔深度并执行定位主轴停止后执行此返回路径
RPAP	实数	镗孔轴上的返回路径，当到达最后钻孔深度并执行了定位主轴停止功能后执行此返回路径
POSS	实数	循环中定位主轴停止的位置（以度为单位），该功能在到达最后钻孔深度后执行

（2）指令的应用

例 5-16　在 ZX 平面中的（X70，Y50）处调用 CYCLE86，工件如图 5-48 所示。编程的最后钻孔深度值为绝对值，未定义安全间隙，在最后钻孔深度处的停顿时间是 2s。工件的上沿在 Z110 处。在此循环中，主轴以 M3 旋转并停在 45°位置。

镗孔程序如下：

TK2.MPF

G17 G90 F200；（定义参数）

S300 M3；（主轴正转）

T1 D1（选择刀具及补偿号）

G0 Z112（回到返回平面）

X70 Y50（回到钻孔位置）

CYCLE86（112，110，，77，0，2，3，−1，−1，1，45）

（镗孔循环）

M30（程序结束）

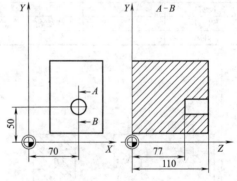

图 5-48　镗孔

5.2.4.4　孔系加工指令 HOLES1/HOLES2

（1）指令格式

HOLES1（SPCA，SPCO，STA1，FDIS，DBH，NUM）

HOLES2（CPA，CPO，RAD，STA1，INDA，NUM）

HOLES1 用于加工呈直线排列的孔系，如图 5-49 所示。HOLES2 用于加工呈圆周分布的孔系，如图 5-50 所示。指令中各参数的含义见表 5-19。

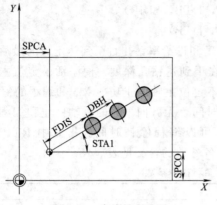

图 5-49　直线排列孔系

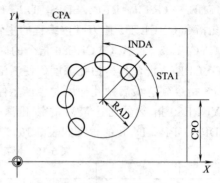

图 5-50　圆周分布孔系

表 5-19　孔系加工循环指令参数

参数符号	参数类型	参数含义
SPCA	实数	参考点的横坐标(绝对值)
SPCO	实数	参考点的纵坐标(绝对值)
STA1	实数	孔中心所在直线与横坐标的夹角,取值范围:$-180°<STA1<180°$
FDIS	实数	第一个孔中心到参考点的距离(无符号数)
DBH	实数	相邻两孔的中心距(无符号数)
NUM	整数	孔的数量
CPA	实数	圆中心点的横坐标(绝对值)
CPO	实数	圆中心点的纵坐标(绝对值)
RAD	实数	圆周半径(无符号数)
STA1	实数	初始角,取值范围:$-180°<STA1≤180°$
INDA	实数	分度角度

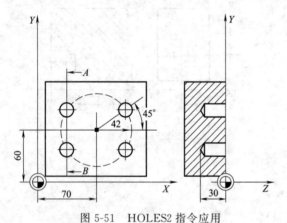

图 5-51　HOLES2 指令应用

(2) 指令的应用

使用 CYCLE82 和 HOLES2 指令加工图 5-51 所示零件中的 4 个孔。

N10 G90 F140 S710 M3 D1 T40；选择工艺参数

N20 G17 G0 X50 Y45 Z2；返回至初始位置

N30 MCALL CYCLE82 (2, 0, 2, , 30)；模态调用钻削循环

N40 HOLES2 (70, 60, 42, 45, , 4)；调用圆周孔系循环

N50 MCALL ；撤销选择模态调用

N60 M30；程序结束

5.2.5　铣削循环指令

5.2.5.1　铣螺纹指令 CYCLE90

(1) 指令格式

CYCLE90 (RTP, RFP, SDIS, DP, DPR, DIATH, KDIAM, PIT, FFR, CDIR,

TYPTH，CPA，CPO）

使用循环 CYCLE90 可以加工内螺纹和外螺纹，指令中 RTP、RFP、SDIS、DP、DPR 的含义同表 5-16，其他各参数的含义见表 5-20。

表 5-20　螺纹加工循环指令参数

参数符号	参数类型	参 数 含 义
DIATH	整数	额定直径,螺纹的外径
KDIAM	实数	内部直径,螺纹的内径
PIT	实数	螺距,取值范围:0.001～2000.000mm
CDIR	实数	铣削螺纹时方向,2(用于带 G2 的螺纹铣削),3(用于带 G3 的螺纹铣削)
TYPTH	实数	螺纹类型;数值 0 表示内螺纹,数值为 1 表示外螺纹
CPA	实数	圆弧的圆心,横坐标(绝对)
CPO	实数	圆弧的圆心,纵坐标(绝对)

（2）指令应用

使用 CYCLE90 指令加工图 5-52 所示零件中的螺纹。

N10 G90 G0 G17 X0 Y0 Z80 S200 M3；初始设置

N20 T5 D1；选择刀具

N30 CYCLE90（48，40，5，，40，60，50，2，500，2，0，60，50）；调用螺纹循环

N40 G0 G90 Z100；抬刀

N50 M02；程序结束

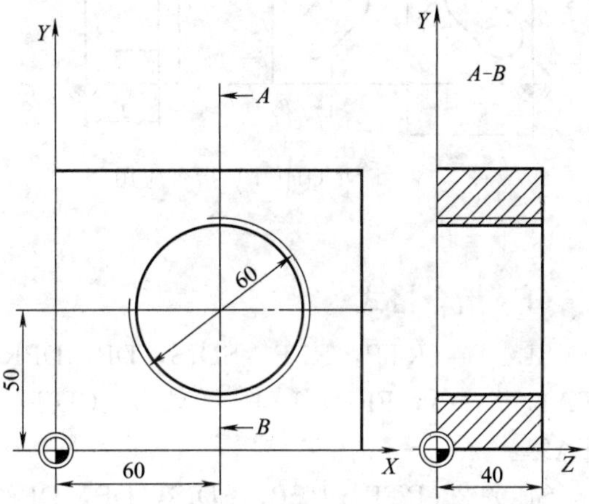

图 5-52　CYCLE90 指令应用

5.2.5.2　铣长方形孔 LONGHOLE

（1）指令格式

LONGHOLE（RTP，RFP，SDIS，DP，DPR，NUM，LENG，CPA，CPO，RAD，STA1，INDA，FFD，FFP1，MID）

使用 LONGHOLE 指令可以加工以圆弧排列的长方形孔，且长方形孔的纵向轴以径向对齐。长方形孔的宽度由刀具直径确定。指令中各参数的具体含义见表 5-21。

表 5-21　长方形孔循环指令参数

参数符号	参数类型	参 数 含 义
RTP	实数	退回平面(绝对)
RFP	实数	基准面(绝对)
SDIS	实数	安全距离(不输入符号)
DP	实数	长方形孔深度(绝对)
DPR	实数	相对于基准面的长方形孔深度(不输入符号)
NUM	整数	长方形孔个数
LENG	实数	长方形孔长度(不输入符号)
CPA	实数	圆弧的圆心,横坐标(绝对)
CPO	实数	圆弧的圆心,纵坐标(绝对)
RAD	实数	圆弧半径(不输入符号)
STA1	实数	起始角
INDA	实数	增量角度

续表

参数符号	参数类型	参数含义
FFD	实数	深度方向的进给
FFP1	实数	表面加工的进给
MID	实数	一个横向进给的最大进刀深度(不输入符号)

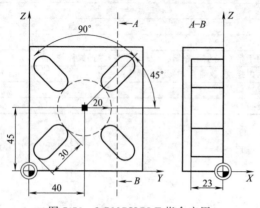

图 5-53　LONGHOLE 指令应用

（2）指令应用

使用 LONGHOLE 指令加工图 5-53 所示零件中的 4 个长方形孔。

N10 G19 G90 D9 T10 S600 M3；选择工艺参数

N20 G0 Y50 Z25 X5；移动到起始位置

N30 LONGHOLE（5，0，1，，23，4，30，40，45，20，45，90，100，320，6）；调用长方形孔循环

N40 M02；程序结束

5.2.5.3　铣键槽 SLOT1/SLOT2

（1）指令格式

SLOT1（RTP，RFP，SDIS，DP，DPR，NUM，LENG，WID，CPA，CPO，RAD，STA1，INDA，FFD，FFP1，MID，CDIR，FAL，VARI，MIDF，FFP2，SSF，FALD，STA2）

SLOT2（RTP，RFP，SDIS，DP，DPR，NUM，AFSL，WID，CPA，CPO，RAD，STA1，INDA，FFD，FFP1，MID，CDIR，FAL，VARI，MIDF，FFP2，SSF，FFCP）

SLOT1 是一个粗、精加工组合循环指令，主要用于加工以圆弧排列的键槽，其纵向轴径向对齐，如图 5-54 所示。与长方形孔不同之处在于，这里要求给键槽宽规定一个具体数值。SLOT2 也是一个粗、精加工组合循环指令，主要用于加工在一个圆弧上分布的环形槽，如图 5-55 所示。指令中 RTP、RFP、SDIS、DP、DPR、NUM、CPA、CPO、RAD、STA1、INDA、FFD、FFP1、MID 的含义同表 5-21，其他各参数的具体含义见表 5-22。

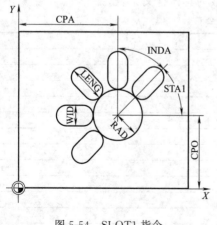

图 5-54　SLOT1 指令

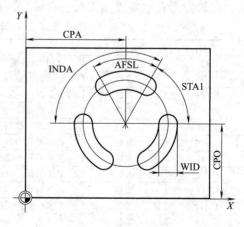

图 5-55　SLOT2 指令

表 5-22　键槽循环指令参数

参数符号	参数类型	参 数 含 义
LENG	实数	键槽长度(不输入符号)
AFSL	实数	用于键槽长度的角度(不输入符号)
WID	实数	键槽宽度(不输入符号)
CDIR	整数	键槽加工的铣削方向,SLOT1 取值 0 表示同向铣削（与主轴转向一致）、取值 1 表示逆向铣削、取值 2 表示采用 G2、取值 3 表示采用 G3。SLOT2 取值 2 表示采用 G2,取值 3 表示采用 G3
FAL	实数	键槽边缘的精加工余量(不输入符号)
VARI	整数	加工方式(不输入符号),SLOT1 个位数字取值 0 表示全套加工、取值 1 表示粗加工、取值 2 表示精加工,十位数字取值 0 表示以 G0 垂直下刀,取值 1 表示以 G1 垂直下刀,取值 3 表示以 G1 摆动下刀。SLOT2 个位数字取值情况同 SLOT1,十位数字取值 0 表示以 G0 并在直线上由槽到槽的定位,取值 1 表示以进给并在环形轨道上由槽到槽的定位
MIDF	实数	精加工最大进刀深度
FFP2	实数	精加工进给
SSF	实数	精加工时速度
FALD	实数	键槽底部精加工余量
STA2	实数	摆动运动时最大插入角
FFCP	实数	中间定位进给,环形轨道,单位 mm/min

（2）指令应用

使用 SLOT2 指令加工图 5-56 所示零件中的 3 个环形键槽。

N10 G17 G90 S600 M3；选择工艺参数

N15 T10 D1；选择刀具

N17 M6；换刀

N20 G0 X60 Y60 Z5；返回起始位置

N30 SLOT2（2，0，2，−23，，3，70，15，60，60，42，，120，100，F300，6，2，0.5）；循环调用

N40 M30；程序结束

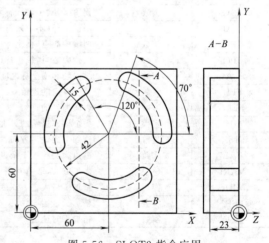

图 5-56　SLOT2 指令应用

5.2.5.4　铣凹槽 POCKET1/POCKET2

（1）指令格式

POCKET1（RTP，RFP，SDIS，DP，DPR，LENG，WID，CRAD，CPA，CPD，STA1，FFD，FFP1，MID，CDIR，FAL，VARI，MIDF，FFP2，SSF）

POCKET2（RTP，RFP，SDIS，DP，DPR，PRAD，CPA，CPO，FFD，FFP1，MID，CDIR，FAL，VARI，MIDF，FFP2，SSF）

POCKET1 是一个粗、精加工组合循环指令，用于加工平面中任意位置的矩形槽，如图 5-57 所示。POCKET2 也是一个粗、精加工组合循环指令，用于加工平面中的圆形凹槽，如图 5-58 所示。指令中各参数的具体含义见表 5-23。

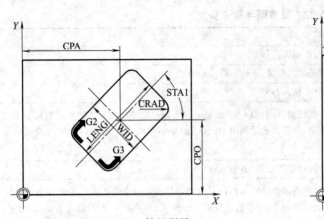

图 5-57 POCKET1 铣矩形槽

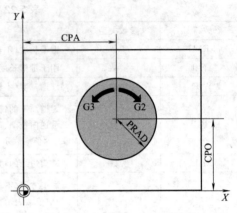

图 5-58 POCKET2 圆形形槽

表 5-23 凹槽循环指令参数

参数符号	参数类型	参数含义
RTP	实数	退回平面(绝对)
RFP	实数	基准面(绝对)
SDIS	实数	安全距离(不输入符号)
DP	实数	凹槽深度(绝对)
DPR	实数	相对于基准面的槽深度(不输入符号)
LENG	实数	凹槽长度(不输入符号)
WID	实数	凹槽宽度(不输入符号)
CRAD	实数	拐角半径(不输入符号)
PRAD	实数	凹槽半径(不输入符号)
CPA	实数	凹槽中心点,横坐标(绝对)
CPO	实数	凹槽中心点,纵坐标(绝对)
STA1	实数	纵向轴和横坐标之间的夹角,取值范围 0°≤STA1<180°
FFD	实数	深度方向的进给
FFP1	实数	表面加工的进给
MID	实数	一个横向进给的最大进刀深度(不输入符号)
CDIR	整数	槽加工的铣削方向,取值 2 表示采用 G2,取值 3 表示采用 G3
FAL	实数	槽边缘的精加工余量(不输入符号)
VARI	整数	加工方式,取值 0 表示综合加工、取值 1 表示粗加工、取值 2 表示精加工
MIDF	实数	精加工最大进刀深度
FFP2	实数	精加工进给
SSF	实数	精加工时速度

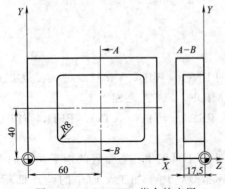

图 5-59 POCKET1 指令的应用

(2) 指令应用

使用 POCKET1 指令加工图 5-59 所示零件中的矩形槽。

N30 T20 D2 M6;选择刀具换刀

N35 G90 S600 M4;选择工艺参数

N40 G17 G0 X60 Y40 Z5;初始定位

N50 POCKET1 (5, 0, 0.5, , 17.5, 60, 40, 8, 60, 40, 0, 120, 300, 4, 2, 0.75, VARI);

调用切槽循环

N60 M30;程序结束

习 题

1. FANUC 系统数控铣床建立工件坐标系的指令有哪些？

2. 什么是刀具半径补偿？如何进行刀具半径补偿？刀具半径补偿功能有哪些应用？

3. 什么是刀具长度补偿？如何进行刀具长度补偿？刀具长度补偿功能有哪些应用？

4. 试写出 FANUC 系统钻孔指令 G81 的指令格式，并指出各参数的具体含义。

5. 试写出 FANUC 系统子程序调用的两种格式。

6. 试写出 SIEMENS 系统圆弧插补指令的格式，并指出各参数的具体含义。

7. SIEMENS 系统框架编程指令有哪些？如何应用？

8. 试写出 SIEMENS 系统钻孔指令 CYCLEG81 的指令格式，并指出各参数的具体含义。

9. SIEMENS 系统铣键槽 SLOT1 和 SLOT2 的指令格式是什么？二者之间有何区别？

10. 编制图 5-60 所示各零件轮廓的加工程序。

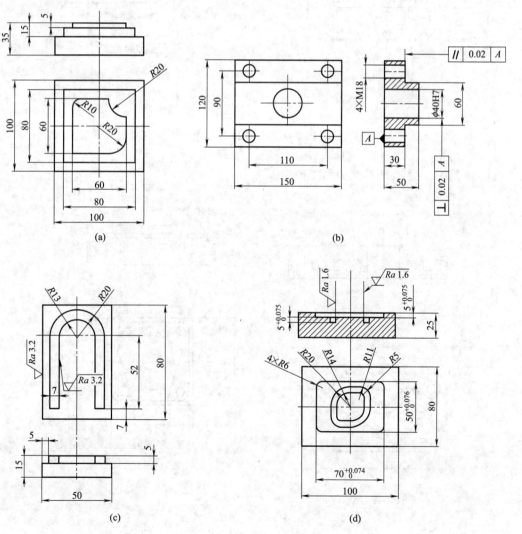

图 5-60

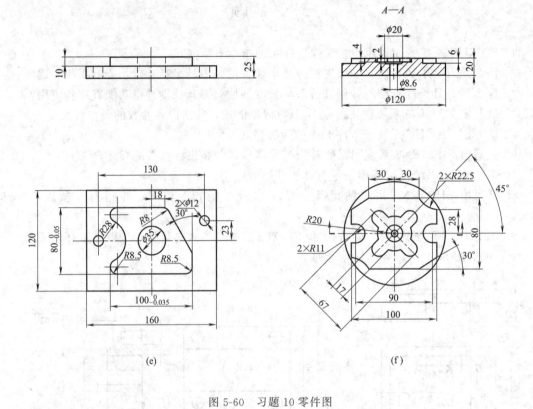

图 5-60　习题 10 零件图

11. 编制图 5-61 所示零件的加工程序。

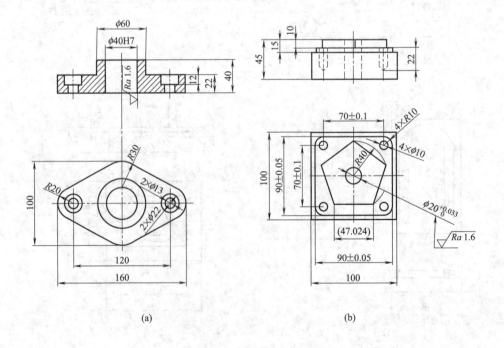

图 5-61　习题 11 零件图

12. 编制图 5-62 所示零件的加工程序。

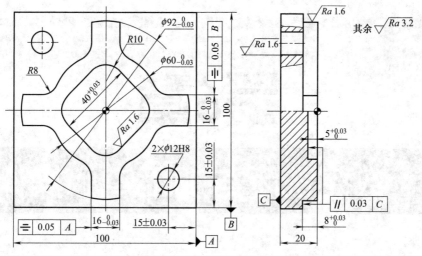

图 5-62　习题 12 零件图

13. 编制图 5-63 所示零件的加工程序。

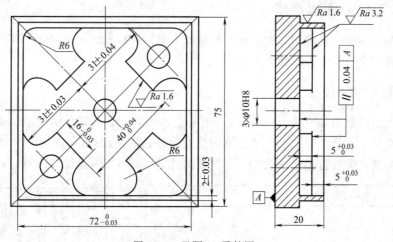

图 5-63　习题 13 零件图

第6章

数控铣床与加工中心操作

6.1　加工中心面板

6.1.1　加工中心面板组成

本章以 VMC850E 立式加工中心（数控系统为 FANUC Series 0i Mate-MC）为例，来具体介绍数控铣床及加工中心的操作方法。

6.1.2　机床控制面板

机床系统面板如图 6-1 所示，主要用于控制程序的输入与编辑，同时显示机床的各种参数设置和工作状态，具体同 3.1.2 节。机床控制面板如图 6-2 所示，主要用于选择机床的工作模式以及控制机床进行相应的动作，各按钮的含义见表 6-1 中的具体说明。

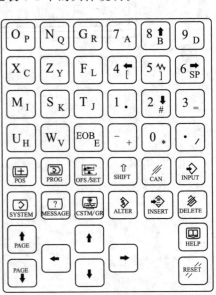

图 6-1　机床系统面板

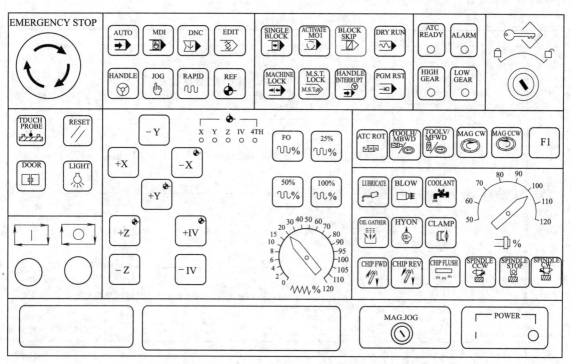

图 6-2 机床控制面板

表 6-1 VMC850E 立式加工中心控制面板按钮功能

序号	名称	符号	功 能
1	系统开关	POWER	按下左边绿色按钮,启动数控系统;按下右边红色按钮,关闭数控系统
2	急停按钮	EMERGENCY STOP	在机床操作过程中遇到紧急情况时,按下此旋钮使机床移动立即停止,并且所有的输出如主轴的转动等都会关闭。按照旋钮上的旋向旋转该按钮使其弹起来消除急停状态
3	工作模式选择	AUTO 自动运行	按下此按钮,系统进入自动加工模式
		MDI MDI	按下此按钮,系统进入 MDI 模式,手动输入并执行指令
		DNC 在线加工	按下此按钮,系统进入在线加工模式(DNC 模式),可以在线传输程序
		EDIT 编辑	按下此按钮,系统进入程序编辑状态,可对数控程序进行输入和编辑

序号	名称	符号		功 能
3	工作模式选择	HANDLE	手动脉冲	按下此按钮,机床处于手轮控制模式
		JOG	手动	按下此按钮,机床处于手动模式,可控制机床进行连续移动
		RAPID	快速移动	此按钮被按下后,可控制机床各坐标轴快速移动
		REF	回原点	按下此按钮,机床处于回原点模式,可以使各坐标轴返回到参考点位置
4	运行方式选择	SINGLE BLOCK	单节	按下此按钮,运行程序时每次只执行一个程序段
		ACTIVATE M01	选择性停止	按下此按钮,程序中的"M01"代码有效
		BLOCK SKIP	单节忽略	按下此按钮,数控程序中带有注释符号"/"的程序段有效
		DRY RUN	空运行	按下此按钮,系统进入空运行状态,可与机床锁定配合使用,主要用于验证刀具轨迹
		MACHINE LOCK	机械锁住	按下此按钮,机床被锁定而无法移动
4	运行方式选择	M.S.T. LOCK M.S.T	MST 锁住	按下此按钮 M、S 代码无效,T 代码有效
		HANDLE INTERRUPT	手轮中断	机床处于进给保持状态,按操作面板上的手轮中断按钮后,可以拿起手轮移动机床坐标轴

序号	名称	符号		功　能
4	运行方式选择	PGM RST	程序重启动	按下此按钮,程序重新启动
5	坐标轴移动	−Y +X −X +Y +Z +IV −Z −IV		坐标轴选择按钮:分别用于选择 X、Y、Z 轴及坐标轴运动的方向
		X Y Z IV 4TH ○ ○ ○ ○ ○		原点灯:当机床的 X、Y、Z 坐标轴返回参考点后,X、Y、Z 轴参考点指示灯亮
		F0 25% 50% 100%		快速移动倍率调节:用于调节手动操作或 G00 运动时,各坐标轴的运动速度,有 0、25%、50%、100% 四个挡
		进给倍率旋钮 0～120%		进给倍率调节:旋转旋钮在不同的位置,调节手动操作或数控程序自动运行时的进给速度倍率,调节范围为 0～120%
6	刀库及机械手	ATC READY	机械手指示灯	显示机械手是否准备好
		MAG.JOG	刀库钥匙	对刀库起保护作用,用钥匙解锁后,可以对刀库进行修调
		ATC ROT	机械手旋转按钮	在 JOG 工作模式且刀库处于修调状态下,按下此按钮,机械手臂旋转
		TOOLH/ MBWD	刀库水平/ 刀库后退	在 JOG 工作模式且刀库处于修调状态下,按下此按钮,机械手刀库刀套水平或斗笠式刀库后退

续表

序号	名称	符号		功　能
6	刀库及机械手	TOOLV/MFWD	刀库水平/刀库前进	在 JOG 工作模式且刀库处于修调状态下,按下此按钮,机械手刀库刀套垂直或斗笠式刀库前进
		MAG CW	刀盘正转	在 JOG 工作模式且刀库处于修调状态下,按下此按钮,机械手/斗笠式刀库刀盘正转
		MAG CCW	刀盘反转	在 JOG 工作模式且刀库处于修调状态下,按下此按钮,机械手/斗笠式刀库刀盘反转
7	主轴控制	HIGH GEAR　LOW GEAR		高速挡和低速挡指示灯
		SPINDLE CCW　SPINDLE STOP　SPINDLE CW		从左至右分别为主轴反转、停止、正转
		主轴倍率旋钮		主轴倍率调节;旋转旋钮在不同的位置,调节主轴转速倍率,调节范围为 50%～120%
8	辅助功能	LUBRICATE		手动润滑按钮
		BLOW		主轴中心吹气
		COOLANT		冷却液按钮
		OIL GATHER		油污收集
		HYON		液压站启动
		CLAMP		工件夹紧

续表

序号	名称	符号	功　　能
8	辅助功能	CHIP FWD	排屑电动机正转
		CHIP REV	排屑电动机反转
		CHIP FLUSH	冲屑
9	其他功能键		机床程序锁:对存储的程序起保护作用,当程序锁锁上后,不能对存储的程序进行任何操作
		TDUCH PROBE	工件测量
		RESET	外部复位:在程序运行中点击该按钮将使程序运行停止。在机床运行超程时若"超程释放"按钮不起作用可使用该按钮使系统释放
		DOOR	防护门
		LIGHT	照明灯
			循环启动:系统处于自动运行或"MDI"位置时按下该按钮,运行程序
			进给保持:在程序运行过程中,按下此按钮运行暂停。按循环启动按钮后恢复运行

续表

序号	名称	符号	功　能
10	手轮		在"手轮"模式下,通过将第一个旋钮旋转至 X、Y、Z 位置来选择进给轴,将第二个旋钮旋转至×1、×10、×100 位置选择进给倍率,然后正向或反向摇动手轮手柄实现该轴方向上的正向或反向移动

6.2　加工中心操作

6.2.1　开机与关机

6.2.1.1　开机

◎ 打开初始电源强电柜,接通与机床连接的电源开关。

◎ 将电器柜总电源空气开关"⬤"旋至 ON 状态,整机电源接通。

◎ 松开急停按钮"⬤",按下复位键"▨",液压系统启动,注意报警信息提示,如润滑、气压是否正常。

6.2.1.2　关机

◎ 按下急停按钮"⬤"。

◎ 按下右端红色关闭按钮"▭⚬",系统关闭。

◎ 将电器柜总电源空气开关"⬤"旋至 OFF 状态,切断整机电源。

◎ 打开初始电源强电柜,关闭与机床连接的电源开关。

6.2.2　返回参考点

◎ 按下回参考点按钮"⚏",进入回参考点模式。

◎ 依次按下"⊞z"、"⊞Y"、"⊟x",使三个坐标轴均回到参考点位置,注意回参考点的坐标轴顺序,先回 Z 轴,再回 Y、X 轴。

◎ 检查各轴返回参考点指示灯"⌐X Y Z IV 4TH⌐"。

6.2.3　移动坐标轴

6.2.3.1　JOG 方式移动坐标轴

◎ 点击操作面板中的手动按钮"⚏",机床进入手动模式。

◎ 按下 "＋X"、"－X"、"－Y"、"＋Y"、"＋Z"、"－Z" 按钮选择坐标轴及运动方向，按住选定坐标轴按钮不放，使其向正方向或负方向连续运动。

◎ 手动连续进给速度可由倍率按钮 "0% 25% 50% 100%" 来调节。

6.2.3.2 手轮方式移动坐标轴

◎ 点击操作面板中的手轮按钮 "〇"，机床进入手动脉冲模式。

◎ 通过坐标选择的旋钮 "〇" 选择进给轴。

◎ 通过进给倍率旋钮 "X1 X10 X100" 选择进给倍率为 ×1、×10 或 ×100。

◎ 正向或反向摇动手轮手柄 "〇" 实现该轴方向上的正向或反向移动。

6.2.3.3 MDI 方式移动坐标轴

◎ 点击操作面板中的按钮 "〇"，机床进入 MDI 工作模式。

◎ 在 MDI 界面程序编辑窗口输入相应的位移指令，例如 "G91G00X100"。

◎ 按下循环启动按钮 "〇" 运行程序实现坐标轴的移动。

6.2.4 主轴旋转

6.2.4.1 JOG 方式旋转主轴

◎ 点击操作面板中的手动按钮 "〇"，机床进入手动模式。

◎ 按下按钮 "〇"，主轴反转；按下按钮 "〇"，主轴正转；按下按钮 "〇"，主轴停转。

◎ 通过旋转主轴倍率旋钮 "〇" 可以调节主轴速度。

6.2.4.2 MDI 方式旋转主轴

◎ 点击操作面板中的按钮 "〇"，机床进入 MDI 工作模式。

◎ 在 MDI 界面程序编辑窗口输入相应的位移指令，例如 "M03S1200"。

◎ 按下循环启动按钮 "〇" 运行程序使主轴旋转，按下复位键 "〇" 可使主轴停止。

6.2.5 安装刀具及换刀

6.2.5.1 手动安装刀具

◎ 点击操作面板中的手动按钮 "〇"，机床进入手动模式。

◎ 按 "－Z" 按钮，调整主轴到合适的位置高度。

◎ 左手握住刀具，右手按下主轴防护板上的 "刀具锁紧/松开" 按扭，主轴即执行刀具锁紧/松开动作，进而完成刀具的安装。

6.2.5.2 MDI 方式下换刀

◎ 点击操作面板中的按钮"⟦ ⟧"，机床进入 MDI 工作模式。

◎ 在 MDI 界面程序编辑窗口输入相应的换刀指令，例如"T02M06"。

◎ 按下循环启动按钮"⟦ ⟧"，机械手执行换刀操作，将 T02 刀具安装在主轴上。

6.2.6 程序的管理

6.2.6.1 新建程序

◎ 点击机床控制面板上的"⟦ ⟧"按钮，机床进入程序编辑工作模式。

◎ 点击系统操作面板上的功能键"⟦ ⟧"，进入程序界面。

◎ 输入程序号如 O0555，然后点击功能键"⟦ ⟧"则进入新程序输入界面。

◎ 程序创建完成后可以加注释，多次按扩展键后选择"EXT 文字"软键，为新建程序添加注释。

6.2.6.2 编辑程序

程序段中字符的插入"⟦ ⟧"、取消"⟦ ⟧"、替换"⟦ ⟧"、删除"⟦ ⟧"，程序的删除等操作见 3.2.3.3 和 3.2.3.4 节，本节只介绍特殊的程序编辑方法。

(1) 自动插入程序段序号

◎ 在 MDI 方式下更改参数，点击系统面板上的"⟦ ⟧"按键，按下"设定"软键，把"顺序号"设置为"1"，如图 6-3 所示。

◎ 点击系统面板上的功能键"⟦ ⟧"，找到参数 NO.3216，填入数值来设置顺序号增量值，需要说明的是该数值可以任意设置例如"10"，但是不要设置为"1"，如图 6-4 所示。

◎ 输入程序后，每个程序段前会自动生成顺序号。

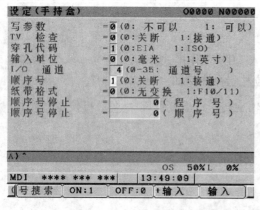

图 6-3　接通顺序号

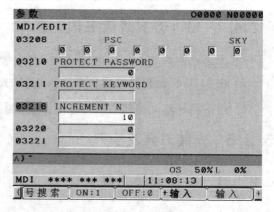

图 6-4　输入顺序号增量值

(2) 光标返回程序头

◎ 在编辑模式下，进入程序界面，按复位键"⟦ ⟧"使光标返回至程序头。

◎ 在自动运行方式下，按扩展键后再按"返回"软键使光标返回至程序头。

（3）删除程序段

◎ 在编辑方式下搜索需要删除的程序段地址。

◎ 在缓冲区里输入 EOB（如果删除 5 个程序段，则在缓冲区里输入 5 个分号），如图 6-5 所示。

◎ 按下功能键"![DELETE]"，则选择的程序段被删除；

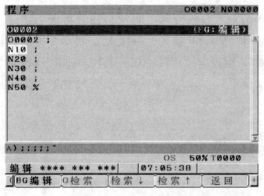
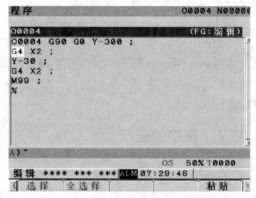

图 6-5　删除程序段　　　　　　　　　　图 6-6　选择程序段

（4）程序段的复制与粘贴

◎ 在编辑模式下，将光标移动到程序复制开始的位置，按下软键"选择"，如图 6-6 所示。

◎ 用光标键移动所选择的程序段，按下软键"复制"或"切取"，如图 6-7 所示。

◎ 将光标移动到粘贴位置，按下软键"粘贴"，然后按下软键"BUF 执行"则完成程序段的粘贴，如图 6-8 所示。

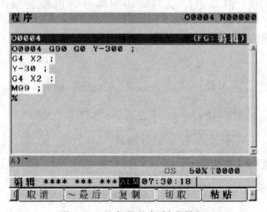
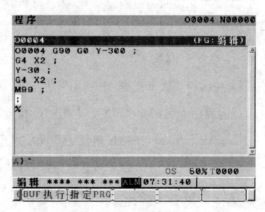

图 6-7　程序段的复制或剪切　　　　　　图 6-8　程序段的粘贴

6.2.6.3　读入程序

数控铣床的加工对象通常较复杂，因此大多采用机外编程，程序验证合格后再输入到机床进行运行加工，程序可以通过 CF 卡、USB 接口、RS232 接口等进行读入。具体步骤如下。

◎ 在 MDI 方式下修改 I/O 通道数值，点击系统面板上的 "⬛" 按键，按下 "设定" 软键，出现如图 6-3 所示的界面，当采用 RS232 接口直接从计算机读入程序时，将 I/O 通道数值设置为 "0"；当采用 CF 卡读程序时，将 I/O 通道数值设置为 "4"；当采用 USB 接口读程序时，将 I/O 通道数值设置为 "17"。

◎ CF 卡读入程序：在编辑模式下点击 "PROG" 功能键，进入程序界面，依次点击 "列表"→"操作"→"扩展"→"设备"→"M-卡"→"扩展"→"F 输入"→"输入程序顺序号"→"F 设定"→"执行" 即完成程序的读入。

◎ USB 接口读入程序：在编辑模式点击 "PROG" 功能键进入程序界面，依次点击 "列表"→"操作"→"扩展"→"设备"→"USB MEM"→"扩展"→"F 输入"→输入 U 盘中需要输入机床的文件名，例如输入 "0010.TXT"→"F 名称"，则设定 "F NAME＝0010.TXT"→设定文件输入机床后的程序名，例如输入 "5010"→"O 设定"，即 "O NO.＝5010"→"执行" 即完成程序的读入。

6.2.7　程序的运行

6.2.7.1　空运行

◎ 在编辑模式下点击 "PROG" 功能键，机床进入程序界面，点击 "列表" 软键，输入要运行的程序命名例如 "O2"，点击 "O 检索" 打开程序，点击 "⬛" 使光标复位。

◎ 按下操作面板中的按钮 "⬛"，再按下机械锁紧按钮 "⬛" 和空运行按钮 "⬛"，机床进入空运行模式。

◎ 点击循环启动按钮 "⬛" 自动运行程序，此时机床坐标轴被锁紧不能移动，但是主轴和换刀功能正常。

◎ 点击系统面板上的 "⬛" 键，可以在 CRT 窗口中显示刀具切削路径，以便对程序进行检验。

6.2.7.2　单段运行

◎ 在编辑模式下点击 "PROG" 功能键，机床进入程序界面，点击 "列表" 软键，输入要运行的程序命名例如 "O2"，点击 "O 检索" 打开程序，点击 "⬛" 使光标复位。

◎ 点击操作面板中的按钮 "⬛" 和 "⬛"，机床进入单节运行模式。

◎ 每点击一次循环启动按钮 "⬛"，自动运行一个程序段。

6.2.7.3　连续运行

◎ 在编辑模式下点击 "PROG" 功能键，机床进入程序界面，点击 "列表" 软键，输入要运行的程序命名例如 "O2"，点击 "O 检索" 打开程序，点击 "⬛" 使光标复位。

◎ 点击操作面板中的按钮 "⬛"，机床进入自动运行模式。

◎ 点击循环启动按钮 "⬛" 后从前往后自动运行程序，若中途按下进给保持按钮 "⬛"，则程序运行暂停，再次点击循环启动按钮 "⬛" 后继续运行程序。

6.3 加工中心对刀

采用加工中心加工零件时，各工序之间自动换刀以实现加工过程连续，因此加工之前必须完成所有刀具的对刀操作。通常情况下，加工前将所有刀具安装在机外对刀仪上进行测量，记录下每把刀具的长度、半径、角度等数据；然后选择其中一把最长或者最短的刀具作为基准刀具，将基准刀具安装在机床上进行对刀，并将对刀值存入坐标系 G54 中；最后，将其他刀具的相关数据输入到相应的刀具补偿列表中，从而完成所有刀具的对刀操作。

6.3.1 对刀仪测量刀具参数

对刀仪全称为刀具预调测量仪，它是加工中心及各种数控机床必备的测量仪器，可在机外完成刀具切削刃径向和轴向坐标尺寸的精密测量，从而减少机床的试切次数和停机调整时间，提高工作效率，保证工件的加工质量，并可实现刀具管理现代化。这里以 DTG Ⅳ 2550 型刀具预调测量仪为例，简要介绍刀具测量的方法。

6.3.1.1 对刀仪的结构

DTG Ⅳ 2550 型刀具预调测量仪由计算机测量系统、基座、底座、主轴、CCD 成像系统、立柱、电气系统等七个部分组成，如图 6-9 所示。

① 基座：仪器放置在基座的大理石台面上，基座由钢板焊接而成，放置仪器电气控制系统。

② 底座：底座为仪器的基础部件，左端放置主轴部件，上平面为 X 向移动的导轨面，滑板在水平导轨上移动，滑板上固定有立柱，滑板移动时通过光栅检测系统可测出刀具的径向坐标尺寸。转动"X 向手轮"使滑板左右移动；拉出并转动"X 向手轮"可使滑板微动。

③ 立柱：立柱为安装 Z 向移动滑板的部件，其滑板在垂直导轨上移动，滑板上固定有 CCD 成像系统，滑板移动通过光栅检测系统可测出被测刀具的轴向坐标尺寸，逆时针转动"Z 向手柄"松开锁紧，可上下移动滑板；顺时针转动"Z 向手柄"可将滑板锁紧，此时可旋动"Z 向微调旋钮"使滑板微调。

④ 主轴：主轴采用高精度密珠轴系。被测刀具安装于主轴锥孔内，转动"主轴手轮"使刀尖轮廓清晰成像在投影屏上后，右拨"主轴锁紧手柄"可将主轴锁紧，使其位置固定。

⑤ CCD 成像系统：成像系统由光源、物镜、反射镜、摄像头组成，刀尖在光源照射下经光学成像、反射在摄像头的 CCD 像面上，实现刀尖图像采集。

⑥ 计算机测量系统：测量系统由计算机、测量装置及显示器组成，计算机内安装的测量软件自动识别并处理摄像头采集的图像和光栅的输入信号，并能在测量后将计算出的刀具参数显示在液晶显示器上；液晶显示器触摸屏可代替鼠标和键盘进行输入。

⑦ 电气系统：电气系统分为供电及供电控制系统两部分。其控制面板有三个开关："电源"开关控制仪器电源的开、关；"锁紧"开关控制真空泵的开、关；"光源"开关控制 LED 光源电路的开、停。

6.3.1.2 对刀仪测量刀具参数

使用对刀仪测量刀具参数具体步骤如下。

◎ 将"电源"开关打开，指示灯亮，电源接通，再打开"光源"开关；打开计算机开

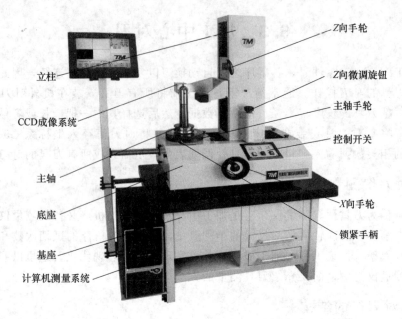

图 6-9　对刀仪

关，待液晶显示屏上显示出操作界面。

◎ 拿掉主轴上面的保护盖，用汽油仔细擦净主轴锥孔及零点棒锥柄，并将其装入主轴锥孔内，转动"主轴手轮"可使主轴转动。

◎ 转动"X 向手轮"、移动"Z 向手柄"及旋动"Z 向微调旋钮"，使零点棒顶端的钢球显示在液晶屏的显示区域内，如图 6-10 所示。

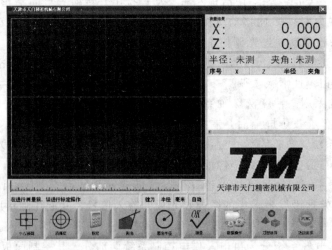

图 6-10　操作界面

◎ 按液晶屏上操作区域的"标定"按键，出现图 6-11 所示对话区域，选择"标定 Z"按键出现如图 6-12 所示的数值输入区域，提示输入零点棒 Z 值，如果有默认值可直接点击"确定"，如果没有默认值或默认值与零点棒标识的 Z 值不符，则需要输入零点棒标识的 Z 值，点击确定按钮，完成 Z 向零点标定。如果标定成功，提示区域会显示 Z 向标定完成，如果未显示相关字样需要重新标定。

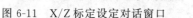

图 6-11 X/Z 标定设定对话窗口

图 6-12 "标定 Z"数值输入

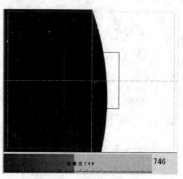

图 6-13 侧端钢球显示

◎ 移动水平及垂直滑板，使零点棒侧端的钢球显示在液晶屏的显示区域内（如图 6-13 所示），点击"清晰度"按键，显示区域中央出现红色方框，保证球顶图像显示在红色方框内，转动"主轴手轮"，当清晰度数值达到最大时，点击"X 标定"。X 向零点标定过程与 Z 向零点标定过程相同。

◎ X、Z 向零点校对完成后，取出零点棒。

◎ 将被测刀具（例如立铣刀）的锥柄擦净后插入主轴锥孔，开关一次"锁紧"将刀具锁紧，移动水平及垂直滑板，使被测刀具刀尖在显示区域成像，点击"清晰度"按键，保证刀尖图像显示在红色方框内，转动"主轴手轮"，当清晰度数值达到最大时点击"测量"按键，被测刀具的 X、Z 向尺寸即可显示在液晶屏的结果区域内，记录下该数值。

◎ 更换刀具重复上述过程，依次获得所有刀具的 X、Z 向尺寸数值，此外还可以测量刀尖角度、刀尖圆弧半经等。

6.3.2 基准刀具对刀

在加工中心机床上加工零件时，为了使对刀过程方便，通常工件坐标系的原点设在工件的几何中心或几何角点上，下面以工件原点设在工件的几何中心为例，说明常见的几种对刀方法。

6.3.2.1 试切对刀

（1）X 轴方向对刀

◎ 开机回参考点，按照 6.2.5.1 的操作说明将基准刀具安装至机床主轴上。

◎ 点击" 🔘 "按钮使机床进入手动模式，按下按钮" 🔲 "主轴正转。

◎ 按下" +X "、" -X "、" -Y "、" +Y "、" +Z "、" -Z "按钮移动机床，使刀具接近工件左表面，点击倍率按钮" 🔲🔲🔲🔲 "来调节机床移动速度。

◎ 刀具接近左表面后，点击" 🖐 "按钮使机床进入手动脉冲模式，通过旋钮" 🖊 "选择 X 进给轴，摇动手轮手柄" ⊙ "使刀具慢慢靠近左表面，随着刀具逐渐靠近，从大到小依次调节进给倍率旋钮" 🖊 "，同时注意观察切屑情况，一旦下屑表示刀具已经与左表面接触，此时停止移动刀具。

◎ 点击系统面板上的" 🔲 "，记录下 CRT 显示屏上的 X_1 坐标值。

◎ 点击 "⚬" 按钮切换到手动模式，移动刀具使其离开工件左表面并靠近工件右表面，重复上述操作过程，当刀具与右表面接触下屑时，记录下 CRT 显示屏上的 X_2 坐标值。
◎ 手动计算 $(X_1+X_2)/2$，得到 X 方向的对刀数值。

（2）Y 轴方向对刀

按照与 X 轴对刀相同的方法，用刀具分别试切工件前面和后面，分别记录下坐标值 Y_1 和 Y_2，手动计算 $(Y_1+Y_2)/2$，得到 Y 方向的对刀数值。

（3）Z 轴方向对刀

按照与 X 轴对刀相同的方法，用刀具试切工件上表面，记录下此时坐标值 Z 即为 Z 方向的对刀数值。

6.3.2.2 寻边器和 Z 向设定器对刀

（1）寻边器对刀

寻边器主要用来确定工件原点在机床坐标系中的 X、Y 值，分为偏心式和光电式两种，如图 6-14 所示。

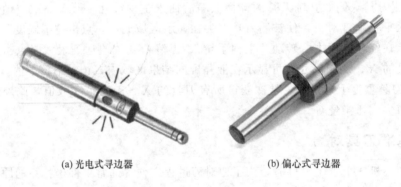

(a) 光电式寻边器　　　　　　　　(b) 偏心式寻边器

图 6-14　寻边器

光电式寻边器的测头一般为直径 10mm 的钢球，用弹簧拉紧在光电式寻边器的测杆上。对刀前，将寻边器安装到机床主轴上（注意主轴不能旋转）。参考 6.3.2.1 节试切对刀操作方法，在手动或手轮模式下移动机床，使寻边器与工件端面（左面、右面、前面、后面）接触。需要说明的是寻边器碰到工件时可以退让，并将电路导通而发出光讯信号，以此为依据来判断寻边器是否与端面接触并记录相应的 X、Y 坐标值。光电式寻边器对刀准确，精度可以达到 $\pm0.005mm$。

偏心式寻边器由夹持部分和测量部分组成，两者之间使用弹簧拉紧。使用时先将夹持部分安装至刀柄上，然后将刀柄安装在加工中心主轴上；参考 6.3.2.1 节试切对刀操作方法，使主轴低速旋转，在手动或手轮模式下移动机床，控制偏心寻边器的测头接近工件表面，从而来确定工件表面和机床主轴中心的相对距离。因偏心式寻边器是靠机械部分的接触测得数据，故不如光电式寻边器的精确值高。

（2）Z 向设定器

Z 向设定器主要用于确定工件坐标系中的 Z 值，有指针式和光电式等类型（如图 6-15 所示），通过光电指示或指针判断刀具与对刀器是否接触，对刀精度一般可达 0.005mm。Z

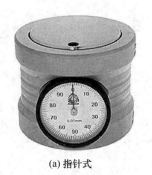

(a) 指针式　　(b) 光电式

图 6-15　*Z* 向设定器

向设定器带有磁性表座，可以牢固地吸附在工件或夹具上，其高度一般为 50mm 或 100mm。对刀时，将刀具的端刃与工件表面或 *Z* 向设定器的测头接触，利用机床坐标的显示来确定对刀值。需要注意的是当使用 *Z* 向设定器对刀时，要将 *Z* 向设定器的高度考虑进去。

6.3.3 对刀数值的输入

6.3.3.1 基准刀具对刀数值的输入

◎ 点击机床控制面板上的“OFS/SET”按钮，机床进入参数设置界面。

◎ 点击“坐标系”软键，CRT 将进入坐标设置界面，通过光标键“↑”、“↓”、“←”、“→”和翻页键“PAGE↑”、“PAGE↓”，从 G54/G55/G56/G57/G58/G59 中选择对刀数值的存储位置，为了实现坐标系的偏移，可以在“EXT”输入相应的偏移数值，如图 6-16 所示。

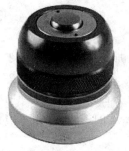

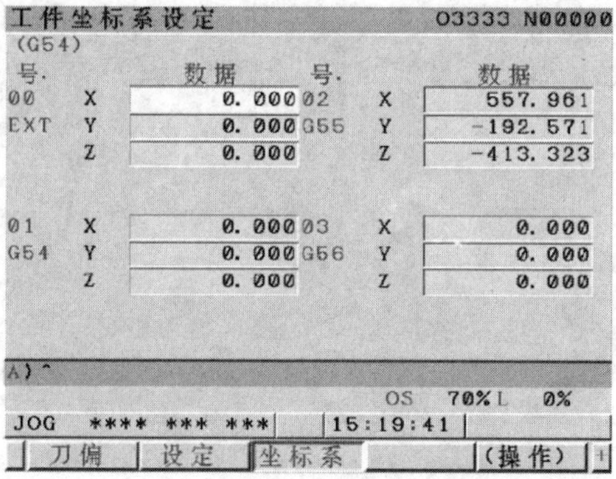

图 6-16　工件坐标系

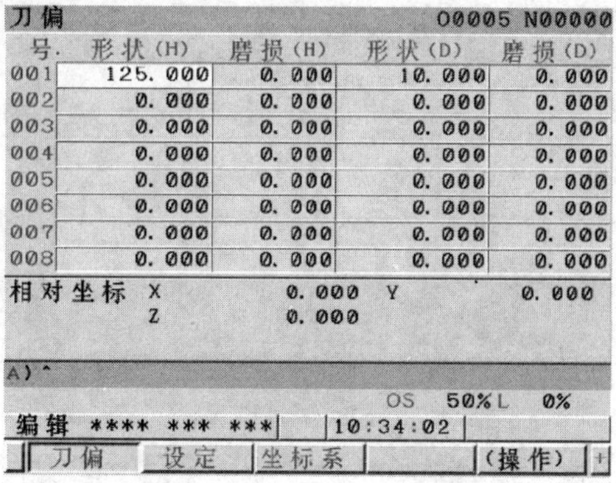

图 6-17　刀具偏置数值

6.3.3.2 其他刀具偏置数据的输入

◎ 点击机床控制面板上的“OFS/SET”按钮，机床进入参数设置界面。

◎ 点击“刀偏”软键，CRT 将进入参数补偿界面，在“形状（H）”输入各刀具与基准刀具的长度差值，在“形状（D）”输入各刀具的半径值；若刀具长度和半径存在磨损误差，则将相应的数值存入对应的位置中，如图 6-17 所示。

习　题

1. 数控铣床与加工中心有何区别?

2. 加工中心读入程序有哪些方法?

3. 刀具有哪几方面的补偿? 刀具补偿数值如何确定? 刀具补偿数值如何输入?

4. 以图 6-18 所示的零件为例,分析其加工过程中所用的刀具及对刀情况。

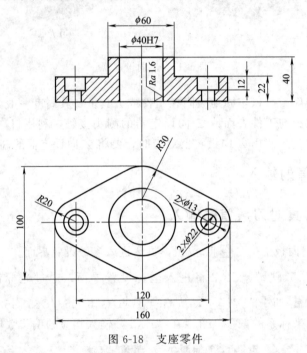

图 6-18　支座零件

第7章

数控铣床与加工中心零件加工综合实例

7.1 台阶零件的编程与加工

7.1.1 台阶零件的加工要求

平面铣削加工在实际生产中应用非常广泛，可以铣削平行面、垂直面、斜面及台阶面等。图 7-1 所示台阶零件，材料为 45 钢，生产规模为单件，要求分析零件图样并制订加工

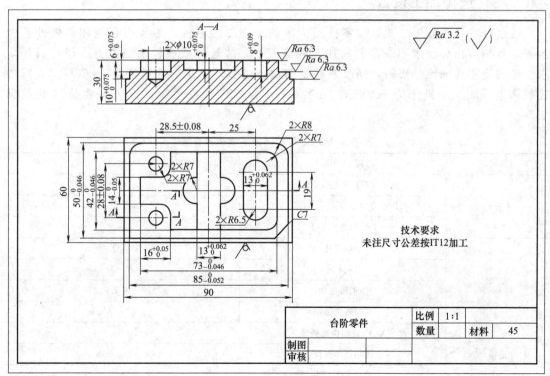

图 7-1 台阶零件

工艺方案，编制数控程序并完成加工。

7.1.2 台阶零件的工艺分析

7.1.2.1 零件图分析

该零件的加工要素主要由一个 85mm×50mm×10mm 的四边形外轮廓，一个 73mm×42mm×6mm 的八边形外轮廓，一个深度为 5mm 的灯笼形轮廓，一个宽度为 13mm 的封闭形键槽和两个 ϕ10mm 的孔组成，其几何形状均为平面二维图形。轮廓的尺寸精度等级为 IT9～IT10，4mm×20mm 半圆槽的尺寸精度等级为 IT10～IT11，零件的尺寸精度要求均不高，台阶零件底面粗糙度要求 $Ra6.3\mu m$，零件侧面轮廓粗糙度要求 $Ra3.2\mu m$，侧面精度要求较高。

7.1.2.2 选择毛坯

机械制造中，大部分零件是先通过铸造成形、锻压成形、焊接成形或非金属材料成形方法制得毛坯，再经过切削加工制成的。毛坯的选择，对机械制造质量、成本、使用性能和产品形象有着重要的影响，是机械设计和制造中的关键环节之一。针对具体零件选择毛坯类型时，除了要考虑零件结构特点、工作要求、材料性能等因素，还应该考虑具体生产条件和生产成本。

通过分析图 7-1 所示的台阶零件可以看出，该零件形状规则，最大厚度为 30mm，材料为 45 钢，生产规模为单件，没有特殊的硬度和热处理要求，因此直接选择型材毛坯。根据零件尺寸形状确定毛坯具体规格为 90mm×60mm×30mm 的 45 钢板材。

7.1.2.3 选择加工设备

通过对零件图分析可知，该零件为简单的平面二维零件，主要由直线和圆弧外轮廓组成，且精度指标要求不高，材料加工性能较好，故选择数控铣削加工方式即可满足要求。考虑到零件的尺寸规格，同时兼顾车间设备的实际情况，这里选择 VC750 型立式数控铣床进行加工。机床为 FANUC Series 0i Mate-MC 数控系统，机床主要技术参数见表7-1。

表 7-1　VC750 数控铣床主要技术参数

部件名称	规　　格	参　　数
工作台	工作台面积(长×宽)	500mm×1000 mm
	T 形槽(槽数/槽宽/间距)	5/18mm/100mm
	工作台最大承重	400kg
主轴	主轴锥孔	ISO NO. 40
	刀柄型号	BT40
	主轴伺服电动机	7.3/9(或 7.5/11)
	主轴转速范围	35～6000 r/min
进给	X、Y、Z 轴快速移动	32r/min
	切削进给速度	6～8m/min
	X、Y、Z 轴电动扭矩	12N·m

续表

部件名称	规　　格	参　　数
行程	X/Y/Z 向行程	750/500/600mm
	主轴端面至工作台面距离	150～750mm
精度	X、Y、Z 轴定位精度	0.012mm
	X、Y、Z 轴重复定位精度	0.007mm
其他	外形尺寸(长×宽×高)	260cm×205cm×260cm
	机床净重	5000kg

7.1.2.4　选择刀具

该零件由外轮廓、沟槽和孔等特征表面组成，因此加工过程中选择 5 把刀具，具体如下。

T01：ϕ50mm 硬质合金面铣刀，主要用于加工上表面，刀柄选择面铣刀刀柄。

T02：ϕ12mm 三刃高速钢立铣刀，主要用于粗铣两个外形轮廓、开放型腔和键槽，刀柄选择 BT40 弹簧夹头刀柄。

T03：ϕ10mm 四刃硬质合金立铣刀，主要用于半精、精铣两个外形轮廓、开放型腔和键槽，刀柄选择 BT40 弹簧夹头刀柄。

T04：A2.5mm 的中心钻头，主要针对封闭键槽和两个 ϕ10mm 的孔加工中心孔，刀柄选择 BT40 直结式自动钻夹头刀柄。

T05：ϕ10mm 麻花钻，主要用于加工两个 ϕ10mm 的孔，刀柄选择 BT40 直结式自动钻夹头刀柄。

将所选定的刀具参数填入刀表 7-2 所示的数控加工刀具卡片中，以便编程和操作管理。

表 7-2　台阶零件数控加工刀具卡片

产品名称或代号		×××		零件名称	台阶零件	零件图号	×××

序号	刀具号	刀具名称	刀具参数		刀补地址		换刀方式	加工部位
			直径	长度	半径补偿	长度补偿		
1	T01	ϕ50mm 硬质合金面铣刀	50	—	—	—	手动	粗铣毛坯表面，以便定位和对刀
2	T02	ϕ12mm 三刃高速钢立铣刀(底端有切削刃，可沿深度方向下刀)	12	82	D01	—	自动	粗铣上表面、两个外形轮廓、开放型腔和键槽
3	T03	ϕ10mm 四刃硬质合金立铣刀	10	72	D02	—	自动	精铣两个外形轮廓、开放型腔和键槽
4	T04	A2.5mm 的中心钻	2.5	45	—	—	自动	针对两个 ϕ10mm 的孔加工中心孔
5	T05	ϕ10mm 麻花钻	10	110	—	—	自动	加工两个 ϕ10mm 的孔

刀具简图

T01   T02   T03

T04   T05

7.1.2.5 确定装夹方案

    数控铣床上常用的工件装夹方法有螺栓压板装夹、平口钳装夹、卡盘装夹、回转工作台装夹等。装夹具体工件时，一方面要力求设计基准、工艺基准与编程基准统一，这样有利于编程时数值计算的简便性和精确性；另一方面要尽量减少装夹次数，尽可能在一次装夹后，完成全部待加工表面的加工。分析图 7-1 所示的台阶零件图可知，该零件几何形状规则，尺寸规格适中，加工表面集中在上表面方向，且毛坯上有对称的平面，故选择平口钳进行装夹，注意工件漏出钳口平面的高度要超过 10mm，以便保证加工余量足够。

7.1.2.6 安排加工顺序

    图 7-1 所示台阶零件共有 5 个要素需要加工，包括 ϕ10mm 盲孔、四边形外轮廓、八边形外轮廓、灯笼形轮廓以及封闭形键槽。由于为单件生产，故采用工序集中的原则，在 VC750 型立式数控铣床上一次装夹完成全部加工内容；根据先粗后精、先面后孔的原则安排加工过程，按所使用刀具的不同设计各工步的加工内容，具体见表 7-3。

表 7-3   台阶零件加工顺序

工步名称	加工草图	加工内容
工步 1：粗铣毛坯各表面，见光		用 T01 面铣刀手动铣削各表面，以便为后续的装夹和对刀做好准备

工步名称	加工草图	加工内容
工步 2：粗铣各轮廓	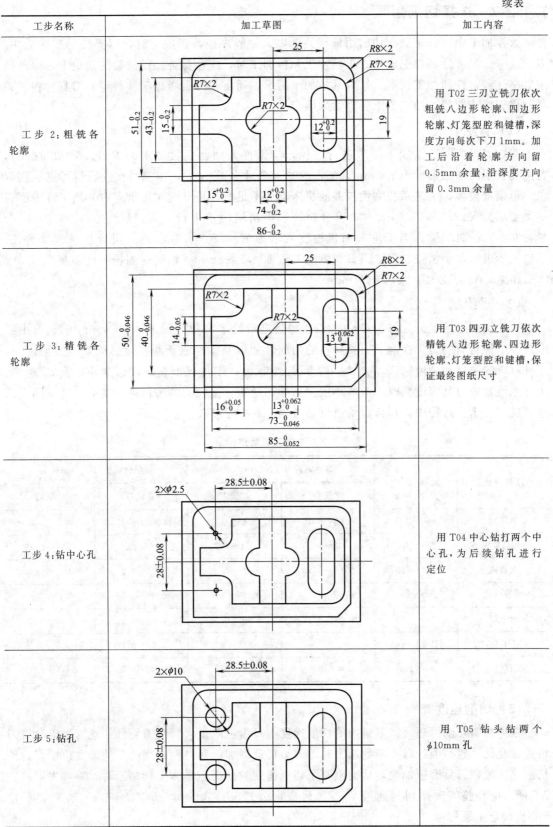	用 T02 三刃立铣刀依次粗铣八边形轮廓、四边形轮廓、灯笼型腔和键槽，深度方向每次下刀 1mm。加工后沿着轮廓方向留 0.5mm 余量，沿深度方向留 0.3mm 余量
工步 3：精铣各轮廓		用 T03 四刃立铣刀依次精铣八边形轮廓、四边形轮廓、灯笼型腔和键槽，保证最终图纸尺寸
工步 4：钻中心孔		用 T04 中心钻打两个中心孔，为后续钻孔进行定位
工步 5：钻孔		用 T05 钻头钻两个 ϕ10mm 孔

7.1.2.7　选择切削用量

数控加工中，合理选择切削用量至关重要。一般来说，粗加工时，以提高生产率为主，但也应考虑经济性和加工成本；半精加工和精加工时，应在保证加工质量的前提下，兼顾切削效率、经济性和加工成本。针对具体加工情况，通常是综合考虑工件材料、刀具材料、刀具规格、机床性能、加工要求等因素来确定。

（1）背吃刀量

背吃刀量主要根据加工要求进行选择，当工件表面粗糙度要求为 $Ra12.5\sim25\mu m$ 时，若圆周铣削的加工余量小于 5mm，端铣的加工余量小于 6mm，粗铣一次进给就可以达到要求。但余量较大，工艺系统刚性较差或机床动力不足时，可分两次进给完成。当工件表面粗糙度要求为 $Ra3.2\sim12.5\mu m$ 时，可分粗铣和半精铣两步进行，粗铣后留 $0.5\sim1.0mm$ 余量，在半精铣时切除。当工件表面粗糙度要求为 $Ra0.8\sim3.2\mu m$ 时，可分粗铣、半精铣、精铣三步进行，半精铣时背吃刀量或侧吃刀量取 $1.5\sim2mm$，精铣时周铣侧吃刀量取 $0.3\sim0.5mm$，端铣背吃刀量取 $0.5\sim1mm$。

（2）进给量

数控铣削进给量分为每齿进给量 f_z、每转进给量 f 和每分钟进给量 v_f。f_z 的选取主要取决于工件材料的力学性能、刀具材料的切削性能以及工件表面粗糙度等因素，一般说来，工件材料的强度和硬度越高，f_z 越小，反之则越大；工件表面粗糙度值越小，f_z 就越小；工件刚性差或刀具强度低时，应取小值。另外，硬质合金铣刀的每齿进给量通常高于同类高速钢铣刀。生产过程中，每齿进给量可参考表 7-4 进行选取。

表 7-4　铣刀每齿进给量

工件材料	硬度（HB）	高速钢铣刀 f_z/(mm/z)		硬质合金铣刀 f_z/(mm/z)	
		立铣刀	端铣刀	立铣刀	端铣刀
低碳钢	$150\sim200$	$0.03\sim0.18$	$0.15\sim0.3$	$0.06\sim0.22$	$0.2\sim0.35$
中、高碳钢	$225\sim325$	$0.03\sim0.15$	$0.1\sim0.2$	$0.05\sim0.2$	$0.12\sim0.25$
灰铸铁	$180\sim220$	$0.05\sim0.15$	$0.15\sim0.3$	$0.1\sim0.2$	$0.2\sim0.4$
可锻铸铁	$200\sim240$	$0.05\sim0.15$	$0.15\sim0.3$	$0.08\sim0.15$	$0.15\sim0.3$
合金钢	$280\sim320$	$0.03\sim0.12$	$0.07\sim0.12$	$0.05\sim0.12$	$0.08\sim0.2$
工具钢	HRC35$\sim$46			$0.04\sim0.10$	$0.10\sim0.20$
铝镁合金	$95\sim100$	$0.05\sim0.12$	$0.2\sim0.3$	$0.08\sim0.3$	$0.15\sim0.38$

（3）切削速度

根据金属切削原理可知，铣削的切削速度与每齿进给量、背吃刀量、侧吃刀量以及铣刀齿数成反比，这是因为以上参数增大时，刀刃负荷增加，而且同时切削工件齿数也增多，使切削热增加，刀具磨损加快，从而限制了切削速度的提高。具体生产加工时，通常先根据表 7-5 所示的经验值选择切削速度 v_c，然后根据公式 $n=1000v_c/\pi d$（d 指铣刀直径，单位 mm）确定主轴转速。

表 7-5　铣削切削速度

工件材料	硬度(HB)	铣削速度 v_c/(m/min)	
		高速钢铣刀	硬质合金铣刀
低、中碳钢	255～290	15～36	54～115
高碳钢	325～375	8～12	36～48
合金钢	225～325	10～24	37～80
工具钢	200～250	12～23	45～83
灰铸铁	230～290	9～18	45～90
可锻铸铁	200～240	15～24	72～110
中碳铸钢	160～200	15～21	60～90
铝合金		180～300	360～600
铜合金		45～100	120～190
镁合金		180～270	150～600

7.1.2.8　填写工艺文件

综合前面工艺分析的各项内容,将其填入表 7-6 所示的数控加工工艺卡片中。

表 7-6　台阶零件数控加工工艺卡片

单位名称	×××	产品名称或代号		零件名称		零件图号	
		×××		台阶零件		×××	
工序号	程序编号	夹具名称		加工设备		车间	
100	O2005	平口钳		VC750 型立式数控铣床		数控中心	
工步号	工步内容	刀具		主轴转速 /(r/min)	进给速度 /(mm/min)	背吃刀量 /mm	备注
1	粗铣毛坯各表面,见光	T01:φ50mm 硬质合金面铣刀		700	80	0.5	手动
2	粗铣各轮廓	T02:φ12mm 三刃高速钢立铣刀		800	100	1	自动
3	精铣各轮廓	T03:φ10mm 四刃硬质合金立铣刀		2000	300	0.3	自动
4	钻中心孔	T04:A2.5mm 的中心钻		1000	70	1	自动
5	钻孔	T05:φ10mm 麻花钻		600	80	4	自动
编制	×××	审核	×××	批准	×××	年　月　日	共　页　第　页

7.1.3　台阶零件的程序编制

7.1.3.1　走刀路线的设计及基点坐标的计算

工序 100 中的工步 2、工步 3、工步 4、工步 5 需要数控加工,基于对刀方便的原则,工件坐标系的原点选择在工件上表面的中心处,具体走刀路线及基点坐标分别见表 7-7。

表 7-7　台阶零件走刀路线及基点坐标

加工内容	走刀路线图	基点坐标
		1$(X-36.5,Y7)$ 2$(X-27.5,Y7)$ 3$(X-20.5,Y14)$ 4$(X-20.5,Y21)$ 5$(X29.5,Y21)$ 6$(X36.5,Y14)$ 7$(X36.5,Y-14)$ 8$(X29.5,Y-21)$ 9$(X-20.5,Y-21)$ 10$(X-20.5,Y-14)$ 11$(X-27.5,Y-7)$ $A(X-36.5,Y-35)$ $B(X-50,Y-7)$ $P(X-55,Y-40)$
工步2:用 $\phi12mm$ 三刃高速钢立铣刀 粗铣各轮廓 工步3:用 $\phi10mm$ 四刃硬质合金立铣 刀精铣各轮廓		1$(X-42.5,Y17)$ 2$(X-34.5,Y25)$ 3$(X34.5,Y25)$ 4$(X42.5,Y17)$ 5$(X42.5,Y-18)$ 6$(X35.5,Y-25)$ $A(X-42.5,Y-35)$ $B(X-50,Y-25)$ $P(X-55,Y-40)$
		1$(X-6.5,Y-7)$ 2$(X-6.5,Y7)$ 3$(X-6.5,Y35)$ 4$(X6.5,Y35)$ 5$(X6.5,Y7)$ 6$(X6.5,Y-7)$ $A(X-6.5,Y-35)$ $B(X6.5,Y-35)$ $P(X0,Y-40)$
		1$(X31.5,Y9.5)$ 2$(X18.5,Y9.5)$ 3$(X18.5,Y-9.5)$ 4$(X31.5,Y-9.5)$ $A(X31.5,Y0)$ $P(X25,Y0)$

续表

加工内容	走刀路线图	基点坐标
工步4：用A2.5mm的中心钻钻中心孔 工步5：用 ϕ10mm 麻花钻钻孔	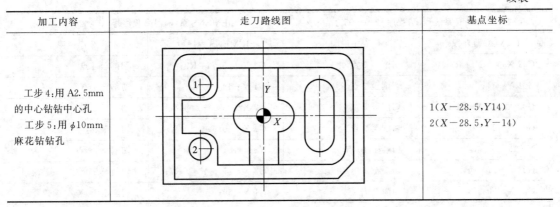	1($X-28.5$,$Y14$) 2($X-28.5$,$Y-14$)

7.1.3.2　程序清单

根据表7-7所示的走刀路线和基点坐标，手工编制各轮廓的加工程序，其中八边形轮廓的加工程序见表7-8，其他轮廓的加工程序略。

表7-8　八边形轮廓程序清单

FANUC系统程序，程序号O2005		SIEMENS系统程序，程序号AC202.MPF	
FANUC程序段	程序说明	SIEMENS程序段	程序说明
O2005；	主程序程序名	AC202.MPF	程序名
G90 G94 G17 G21 G54；	程序初始设置	G90 G94 G17 G71 G54；	程序初始设置
S800 M03；	主轴正转，转速800r/min	S800 M03；	主轴正转，转速800r/min
G00 Z100； X−55 Y−40； Z10；	刀具快速接近工件至P点上方	G0 Z100； X−55 Y−40； Z10；	刀具快速接近工件至P点上方
G01 Z0 F100；	刀具下刀至工件上表面	G1 Z0 F100；	刀具下刀至工件上表面
M98 P63001；	调用子程序O3001，调用6次	L10 P6	调用子程序L10，调用6次
G00 Z100； X100 Y10；	抬刀	G0 Z100； X100 Y10；	抬刀
M05；	主轴停止	M05；	主轴停止
M30；	程序结束	M30；	程序结束
O3001	子程序程序名	L10	子程序程序名
G91 G01 Z−0.95 F100；	以相对坐标下刀，每次增量0.95mm	G91 G1 Z−0.95 F100；	以相对坐标下刀，每次增量0.95mm
G90 G41 X−36.5 Y−35 D01；	切削至A点并建立刀具半径左补偿	G90 G41 X−36.5 Y−35 D01；	切削至A点并建立刀具半径左补偿
Y7；	切削至1点	Y7；	切削至1点
X−27.5；	切削至2点	X−27.5；	切削至2点
G03 X−20.5 Y14 R7；	切削至3点	G3 X−20.5 Y14 R7；	切削至3点
G01 Y21；	切削至4点	G1 Y21；	切削至4点
X29.5；	切削至5点	X29.5；	切削至5点

FANUC 系统程序,程序号 O2005		SIEMENS 系统程序,程序号 AC202.MPF	
FANUC 程序段	程序说明	SIEMENS 程序段	程序说明
G02 X36.5 Y14 R7;	切削至 6 点	G2 X36.5 Y14 R7;	切削至 6 点
G01 Y−14;	切削至 7 点	G1 Y−14;	切削至 7 点
G02 X29.5 Y−21 R7;	切削至 8 点	G2 X29.5 Y−21 R7;	切削至 8 点
G01 X−20.5;	切削至 9 点	G1 X−20.5;	切削至 9 点
Y−14;	切削至 10 点	Y−14;	切削至 10 点
G03 X−27.5 Y−7 R7;	切削至 11 点	G3 X−27.5 Y−7 R7;	切削至 11 点
G01 X−50;	切削至 B 点	G1 X−50;	切削至 B 点
G40 X−55 Y−40;	返回至 P 点并取消刀具半径补偿	G40 X−55 Y−40;	返回至 P 点并取消刀具半径补偿
M99;	子程序结束	M17;	子程序结束

7.1.4 台阶零件的加工

(1) 机床的开机

机床在开机前,应先进行机床的开机前检查。一切没有问题之后,先打开机床总电源,然后打开控制系统电源。在显示屏上应出现机床的初始位置坐标。检查操作面板上的各指示灯是否正常,各按钮、开关是否处于正确位置;显示屏上是否有报警显示,若有问题应及时予以处理;液压装置的压力表是否在所要求的范围内。若一切正常,就可以进行下面的操作。

(2) 回参考点操作

开机正常之后进行手动回零操作,先回 Z 轴,再回 X、Y 轴,以免发生撞刀,具体过程如下。

◎ 按下回参考点按钮 "🔘" 机床进入回参考点模式。

◎ 依次按下按钮 "Ｚ" 和 "+",机床向 Z 轴正方向运动,返回到参考点后 "Z原点灯" 亮;同理按下 "Ｘ" 和 "+" 使 X 轴回参考点,按下 "Ｙ" 和 "+" 使 Y 轴回参考点。

(3) 工件装夹

使用平口钳装夹工件并找正,具体过程如下。

◎ 在数控铣床工作台上安装机用平口钳时,使用百分表找正。

◎ 以固定钳口为基准面,将工件安装在钳口中间位置,使用等高垫铁调整工件装夹高度。

◎ 夹紧工件过程中,用铜锤轻击工件上表面,同时用手移动平行垫铁,垫铁不松动时为宜。

(4) 安装刀具

◎ 安装刀具前,先选择好合适的刀柄,并将刀具分别安装到对应的刀柄中。

◎ 将主轴安装孔以及刀具,尤其是刀柄擦拭干净。

◎ 安装刀具时,应在手动或手轮模式下进行,按压"松开主轴刀具按钮",并保持按压状态，插入刀柄。然后按压"主轴夹紧刀具按钮"，并确认夹紧刀具后松开右手，刀具装夹结束。

（5）毛坯加工

使用面铣刀 T01 依次铣削六个表面，保证各面光滑，然后安装好工件准备数控加工。

（6）对刀并输入参数

◎ 再次执行回参考点操作，确保原点指示灯亮。

◎ 主轴上安装 T02 刀具，采用试切法分别进行 X、Y、Z 三个方向的对刀操作，将对刀数值输入到 G54 中。

◎ 卸下 T02 刀具，依次将 T03、T04、T05 刀具安装到主轴上，采用试切法进行 Z 方向的对刀操作，X、Y 方向对刀数值与 T02 刀具相同，将各刀具对刀数值分别输入到 G55、G56、G57 中。

◎ 将 T02 和 T03 刀具的半径补偿值输入机床。

（7）加工程序输入并校验

◎ 选择"程序编辑"模式，手动将各轮廓的加工程序依次输入机床。

◎ 选择"自动运行"模式并锁紧机床，试运行各程序，通过模拟刀具路径来校验程序。

（8）自动加工

◎ 选择"自动运行"模式，点击"循环启动"按钮自动对零件进行加工。

◎ 加工完毕后取下工件，清洁机床。

7.2　盖板零件的编程与加工

7.2.1　盖板零件的加工要求

加工中心是一种备有刀库并能自动更换刀具的高效多功能机床，它可以自动连续地完成铣、钻、扩、铰、锪、攻螺纹等多工序加工，适合于小型板类、盘类、壳体类、模具等零件的多品种小批量生产。图 7-2 所示盖板零件，材料为 LY12，要求分析零件图样并制订加工工艺方案，编制数控程序并完成加工。

7.2.2　盖板零件的工艺分析

7.2.2.1　零件图分析

该零件的加工要素主要为两个 L 型阶梯槽和六个 M8 的螺纹通孔，其中 L 型阶梯槽集中分布在上表面，最高加工精度为 IT7。六个 M8 的螺纹通孔均匀分布在 L 型槽中，加工精度没有特殊要求。考虑到 L 型槽具有中心对称的特点，可以采用旋转指令简化编程，以保证其形状精度及尺寸精度。另外上下表面之间有平行度要求，加工时可以下表面 A 为基准进行定位铣削上表面，从而保证其平行。

7.2.2.2　选择毛坯

该零件材料为 LY12 硬铝合金，综合性能较好，具有良好的切削加工性能，因此在各个

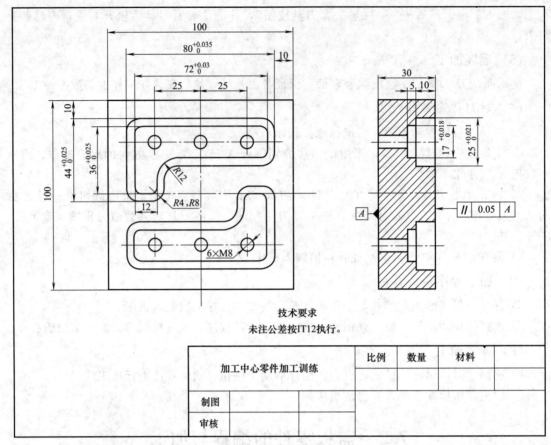

图 7-2 盖板零件

行业中得到广泛应用。铝合金的毛坯类型大多为棒材或板材，根据该零件的形状和尺寸，毛坯选择 100mm×100mm×35mm 的板材进行加工。

7.2.2.3 选择加工设备

通过对零件图分析可知，该零件为简单的平面二维零件，主要由直线和圆弧轮廓组成，且精度指标要求不高，材料加工性能较好，故选择数控铣削加工方式即可满足要求。考虑到加工过程中用到的刀具较多，为了提高加工效率并保证加工精度要求，生产过程中应尽量减少装夹次数和换刀次数，因此兼顾车间设备的实际情况，这里选择 VMC850E 加工中心进行加工。机床为 FANUC 0i MATE MD 数控系统，机床主要技术参数见表 7-9。

表 7-9 VMC850E 加工中心主要技术参数

部件名称	规　　格	参　　数
工作台	工作台尺寸/mm	500×1000
	允许最大荷重/kg	600
	T 型槽尺寸(数量×宽)	5×18
工作范围	工作台最大行程(X 轴)/mm	850
	滑座最大行程(Y 轴)/mm	500
	主轴箱最大行程(Z 轴)/mm	540
	主轴鼻端至工作台面距离/mm	150～690
	主轴中心至立柱导轨面距离/mm	600

续表

部件名称	规 格		参 数
主轴	锥孔(7:24)		BT40
	转速范围/(r/min)		8000
	最大输出扭矩/N·m		35.8
	主轴电机功率/kW		7.5/11
	主轴传动形式		皮带式传动
进给	快速移动/(m/min)	X	32
		Y	32
		Z	30
	定位精度	X	0.008
		Y	0.006
		Z	0.004
	重复定位精度	X	0.005
		Y	0.005
		Z	0.003
刀库	刀库形式		圆盘式
	刀库容量(把)		24
	选刀方式		双向就近换刀
机床轮廓尺寸及质量	主机尺寸/mm		2786×2150×2540
	主机质量/kg		5800

7.2.2.4 选择刀具

该零件由 L 型阶梯槽和螺纹通孔组成，因此加工过程中选择 5 把刀具，具体如下。

T01：ϕ60mm 硬质合金面铣刀，主要用于加工毛坯表面，刀柄选择面铣刀刀柄。

T02：ϕ12mm 三刃硬质合金立铣刀，主要用于粗、精铣第一层梯槽，刀柄选择 BT40 弹簧夹头刀柄。

T03：ϕ6mm 三刃硬质合金立铣刀，主要用于粗、精铣第二层梯槽，刀柄选择 BT40 弹簧夹头刀柄。

T04：ϕ6.7mm 麻花钻，主要用于加工螺纹底孔，刀柄选择 BT40 直结式自动钻夹头刀柄。

T04：M8mm 丝锥，主要用于加工螺纹孔，刀柄选择 BT40 直结式自动钻夹头刀柄。

将所选定的刀具参数填入表 7-10 所示的数控加工刀具卡片中，以便编程和操作管理。

表 7-10 盖板零件数控加工刀具卡片

产品名称或代号		×××		零件名称		盖板零件		零件图号	×××
序号	刀具号	刀具名称	刀具参数		刀补地址		换刀方式	加工部位	
			直径/mm	长度/mm	半径补偿	长度补偿			
1	T01	ϕ60mm 硬质合金面铣刀	60	—	—	—	手动	粗铣毛坯表面，以便定位和对刀	
2	T02	ϕ12mm 三刃硬质合金立铣刀	12	82	D01	H01	自动	粗、精铣第一层梯槽	

序号	刀具号	刀具名称	刀具参数		刀补地址		换刀方式	加工部位
			直径/mm	长度/mm	半径补偿	长度补偿		
3	T03	φ6mm 三刃硬质合金立铣刀	6	57	D02	H02	自动	粗、精铣第二层梯槽
4	T04	φ6.7mm 麻花钻	6.7	148	—	H03	自动	加工螺纹底孔
5	T05	M8mm 丝锥	8	72	—	H04	自动	加工螺纹孔

7.2.2.5 确定装夹方案

数控机床常用的夹具类型有通用夹具、通用可调夹具、组合夹具、成组夹具、拼装夹具及专用夹具等。单件小批生产时，优先考虑采用各种通用夹具；大批量生产时，应根据工序要求设计专用高效夹具；多品种中小批量生产可采用可调夹具或拼装夹具。分析图 7-2 所示的盖板零件图可知，该零件为小批量生产且外形规整，因此可采用通用夹具即机用平口钳一次装夹完成零件所有加工部位的加工要求。需要特殊说明的是，零件需要加工六个螺纹通孔，因此装夹时应在底面安装垫铁，同时注意避让孔加工部位，以免造成零件及刀具的损坏。

7.2.2.6 安排加工顺序

图 7-2 所示盖板零件共有两个 L 型槽和六个螺纹孔需要加工，共用到 5 把刀具。由于为单件生产，故采用工序集中的原则，在 VMC850E 型立式加工中心上一次装夹完成全部加工内容；根据先主后次、先粗后精、先面后孔、基面先行的原则安排加工过程，具体见表7-11。

表 7-11 盖板零件加工顺序

工步名称	加工草图		加工内容
工序1：粗铣毛坯各表面，见光			用 T01 面铣刀手动铣削各表面，以便为后续的装夹和对刀做好准备
工序2：粗精加工各轮廓	工步1：粗精铣第一层L型槽		用 T02 三刃立铣刀先粗铣第一层 L 型槽，深度方向每次下刀 3mm，加工后沿着轮廓方向留 2mm 余量，沿深度方向留 1mm 余量。接着精铣，保证最终图纸要求

工步名称	加工草图	加工内容
工步2:粗精铣第二层 L 型槽		用 T03 三刃立铣刀先粗铣第二层 L 型槽,深度方向每次下刀 3mm,加工后沿着轮廓方向留 0.5mm 余量,沿深度方向留 1mm 余量。接着精铣,保证最终图纸要求
工序2:粗精加工各轮廓 工步3:钻螺纹底孔		用 T04 钻头钻削螺纹底孔
工步4:加工螺纹孔		用 T05 丝锥加工螺纹孔

7.2.2.7 填写工艺文件

参考 7.1.2.7 节选择切削用量,综合前面工艺分析的内容,填写表 7-12 所示的数控加工工艺卡片。

表 7-12 盖板零件数控加工工艺卡片

单位名称	×××	产品名称或代号	零件名称	零件图号
		×××	盖板零件	×××
工序号	程序编号	夹具名称	加工设备	车间
100	O3005	平口钳	VMC850E 立式加工中心	数控中心

工步号	工步内容	刀具	主轴转速 /(r/min)	进给速度 /(mm/min)	背吃刀量 /mm	备注
1	粗精铣第一层 L 型槽	T02：ϕ12mm 三刃硬质合金立铣刀	粗：2300	粗：400	粗：3	自动
			精：3200	精：200	精：1	
2	粗精铣第二层 L 型槽	T03：ϕ6mm 三刃硬质合金立铣刀	粗：3200	粗：300	粗：3	自动
			精：4000	精：100	精：1	
3	钻螺纹底孔	T04：ϕ6.7mm 麻花钻	800	200	3.35	自动
4	加工螺纹孔	T05：M8mm 丝锥	500	625	0.65	自动
编制	××× 审核 ×××	批准 ×××	年 月 日	共 页		第 页

7.2.3 盖板零件的程序编制

7.2.3.1 走刀路线的设计及基点坐标的计算

工序 100 中的 4 个工步均需要数控加工，基于对刀方便的原则，工件坐标系的原点选择在工件上表面的中心处，具体走刀路线及基点坐标分别见表 7-13。

表 7-13 台阶零件走刀路线及基点坐标

加工内容	走刀路线图	基点坐标
用 ϕ12mm 三刃硬质合金立铣刀粗精铣第一层 L 型槽	粗加工走刀路线 	1($X-32,Y32$) 2($X-32,Y4$) 3($X-28,Y4$) 4($X-28,Y9$) 5($X-14,Y23$) 6($X32,Y23$) 7($X32,Y32$)
	精加工走刀路线 	1($X-32,Y34$) 2($X-34,Y32$) 3($X-34,Y4$) 4($X-32,Y2$) 5($X-28,Y2$) 6($X-26,Y4$) 7($X-26,Y7$) 8($X-12,Y21$) 9($X32,Y21$) 10($X34,Y23$) 11($X34,Y32$) 12($X32,Y34$)

加工内容	走刀路线图	基点坐标
用 $\phi6mm$ 三刃硬质合金立铣刀粗精铣第二层L型槽	粗加工走刀路线 精加工走刀路线 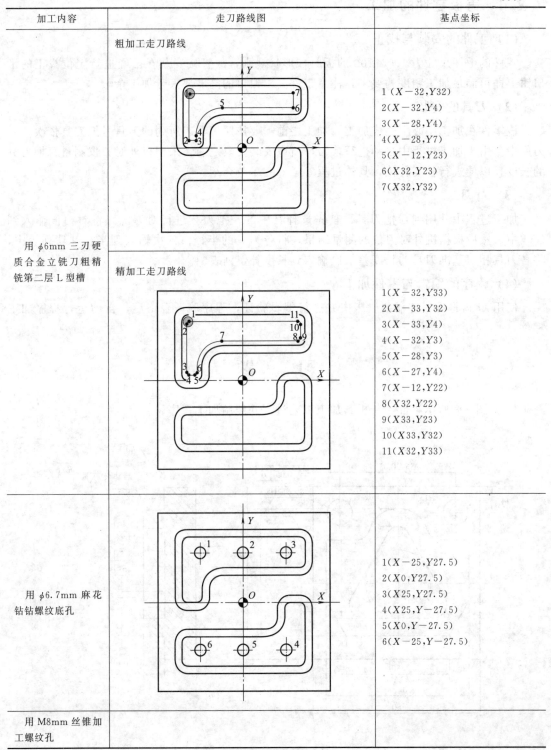	1($X-32$,Y32) 2($X-32$,Y4) 3($X-28$,Y4) 4($X-28$,Y7) 5($X-12$,Y23) 6($X32$,Y23) 7($X32$,Y32) 1($X-32$,Y33) 2($X-33$,Y32) 3($X-33$,Y4) 4($X-32$,Y3) 5($X-28$,Y3) 6($X-27$,Y4) 7($X-12$,Y22) 8($X32$,Y22) 9($X33$,Y23) 10($X33$,Y32) 11($X32$,Y33)
用 $\phi6.7mm$ 麻花钻钻螺纹底孔		1($X-25$,Y27.5) 2($X0$,Y27.5) 3($X25$,Y27.5) 4($X25$,Y-27.5) 5($X0$,Y-27.5) 6($X-25$,Y-27.5)
用 M8mm 丝锥加工螺纹孔		

7.2.3.2　程序清单

根据表 7-13 所示的走刀路线和基点坐标，手工编制各轮廓的加工程序，程序清单略。

7.2.4 盖板零件的加工

(1) 工件的安装与找正

零件的毛坯尺寸为 100×100 的板料，形状规则，故直接安装在已经进行定位找正的平口钳上即可满足加工精度的要求，注意工件高出钳口的高度要大于加工余量。

(2) 刀具的安装

该零件在加工中心上完成加工，加工之前需要按照刀具表所列的刀具号把刀具依次装入刀库中。由于加工过程中自动进行换刀，所以安装刀具之前，采用机外对刀仪测量每把刀具的长度，以便进行长度补偿，具体过程参考 6.3.1 节介绍。

(3) 对刀

加工过程中共用到 5 把刀具，首先选择其中的一把刀具进行对刀，并将对刀值输入到 G54 中。然后根据机外对刀仪的测量结果，将各刀具的半径值依次输入到半径补偿列表中，将各刀具相对基准刀具的长度差依次输入到长度补偿列表中。

(4) 程序的编辑与零件加工

使用 U 盘将程序传输到机床中并进行编辑验证，程序验证合格后，自动运行程序加工零件。

习　　题

1. 如图 7-3 所示零件，分析其加工工艺过程并编制加工程序。

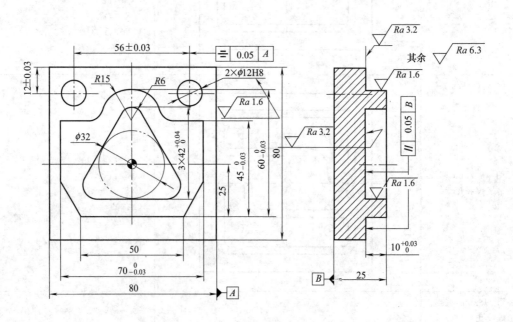

图 7-3　习题 1 零件图

2. 如图 7-4 所示零件，分析其加工工艺过程并编制加工程序。

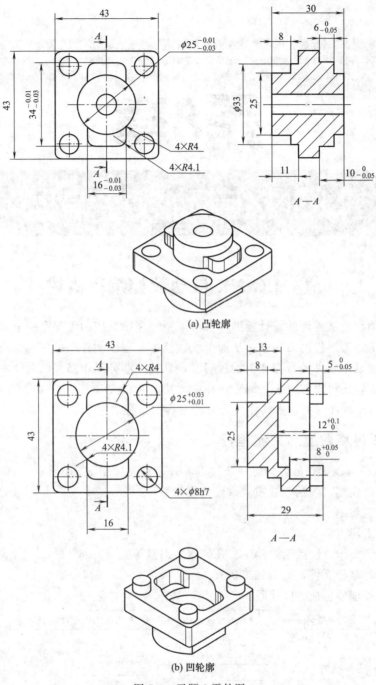

(a) 凸轮廓

(b) 凹轮廓

图 7-4 习题 2 零件图

第8章

UGNX自动数控编程

8.1 UG NX 自动数控编程概述

自动数控编程是从零件的设计模型（参考模型）获得数控加工程序的全部过程。其主要任务是计算加工走刀过程的刀位点，从而生成数控加工程序文件。采用自动数控编程技术可以帮助人们解决复杂零件的数控加工编程问题，且其大部分工作都可以由计算机来承担，编程效率大大提高，还可以解决手工编程过程中无法解决的复杂形状的零件的加工编程问题。以下将以 UG NX 软件为例，来具体介绍自动编程的过程。

8.1.1 UG NX 数控加工流程

UG NX 软件可以模拟数控加工的全过程，其一般流程如图 8-1 所示。
① 创建制造模型，包括创建或获取设计模型。
② 进行工艺规划。
③ 进入加工环境。
④ 进行 NC 操作（包括创建程序、几何体、刀具等）。
⑤ 创建刀具路径文件，进行加工仿真。
⑥ 利用后处理器生成 NC 代码。

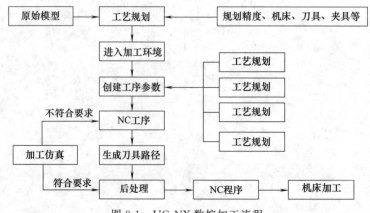

图 8-1　UG NX 数控加工流程

8.1.2 UG NX 加工环境

第一次进入加工界面时，会弹出"加工环境"对话框，如图 8-2 所示。在该对话框中可以选择加工方式，单击"确定"可以进入编程主界面，其加工方式主要有五种。

平面加工：主要加工零件中的平面区域。

轮廓加工：根据零件的形状进行加工，包括型腔铣加工、等高轮廓铣加工和固定轴区域轮廓铣加工等。

点位加工：在零件中的钻孔加工，使用的工具为钻头。

线切割加工：在线切割机床上利用铜线放电原理切割零件。

多轴加工：在多轴机床上利用工作台的运动和刀轴的旋转实现多轴加工。

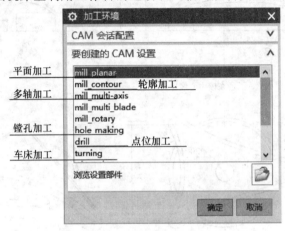

图 8-2 "加工环境"对话框

8.1.3 编程界面简介

打开编程模型后，在菜单中选择"开始"/"加工"命令，或在键盘上按 Ctrl＋Alt＋M 组合键，即可以进入到编程界面，如图 8-3 所示。

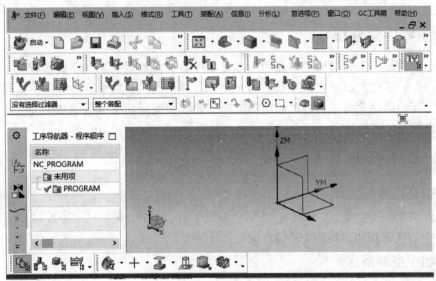

图 8-3 编程界面

8.2 数控铣自动编程实例

8.2.1 加工实例描述

生产过程中对于曲面零件的铣削加工，通常是利用自动编程软件如 Master CAM、UG、PROE 等对其进行三维实体建模，然后通过生成刀具加工路径及后置处理自动生成加工程序。下面以图 8-4 所示的旋钮零件为例，来具体介绍曲面零件的编程过程。

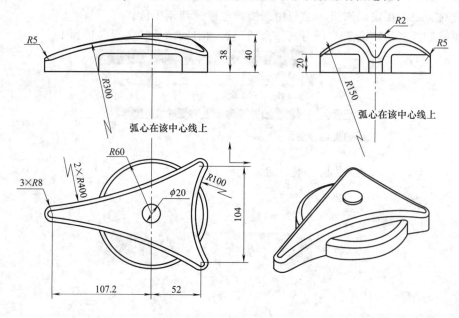

图 8-4　旋钮零件

8.2.2 旋钮零件的工艺分析

8.2.2.1 零件图分析

该旋钮零件是一个相对简单的曲面型芯类零件，加工要素主要为曲面区域，符合数控铣床的加工特点。零件曲面主要由导动曲面和圆弧过渡面组成。曲面零件一般主要要求曲面加工精度，没有形位公差要求，因此曲面加工的工艺性主要是曲面区域的加工方法，通过粗精加工方法来保证加工精度。

8.2.2.2 工艺分析

（1）毛坯选择与安装

根据该零件的尺寸要求，确定毛坯尺寸为 190mm×130mm×40mm 板料，毛坯材料为45 钢，装夹方式采用平口钳固定夹紧。

（2）加工坐标系

以工件顶面圆柱凸台中心为零点。

8.2.2.3　工序安排

通常把曲面零件的加工过程分为粗加工、半精加工、精加工和光整加工四个阶段。对于该曲面零件，可以采用粗加工、半精加工和精加工的加工方案，具体工序安排如表 8-1 所示。

表 8-1　曲面零件的数控加工工艺卡片

单位名称	×××	产品名称或代号		零件名称		零件图号	
		×××		×××		×××	
工序号		程序编号	夹具名称	加工设备		车间	
			平口钳	VMC850 立式加工中心		数控中心	
工步号	工步内容		刀具	主轴转速 /(r/min)	进给速度 /(mm/r)	切削深度 /mm	备注
1	型腔铣削粗加工		ϕ12mm 端铣刀	2000	800	0.2	
2	型腔铣削半精加工		ϕ8mm 端铣刀	2500	800	0.1	
3	曲面区域精加工		ϕ4mm 球头铣刀	3000	1000	0.1	
编制	×××	审核	×××	批准	×××	年　月　日	共　页　第　页

8.2.3　旋钮零件的建模

(1) 草图的绘制

打开 UG NX 软件并进入建模界面，选择 XY 平面作为草图平面，绘制图 8-5 草图曲线。

(2) 空间曲线的绘制

分别在 ZOY 平面绘制 $R150$ 圆弧曲线、在 ZOX 平面绘制 $R400$ 圆弧曲线，两条曲线圆弧在（0，0，38）点相交，形成曲面的骨架，如图 8-6 所示。

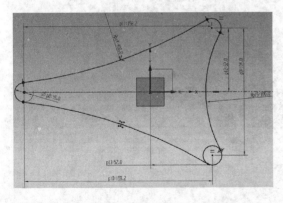

图 8-5　草图截面曲线

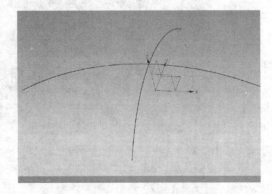

图 8-6　空间相交曲线

(3) 扫掠曲面绘制

选择【扫掠曲面】按钮，以 $R150$ 曲线为界面曲线，$R400$ 曲线为引导曲线，按图 8-7 设置对话框参数，生成扫掠曲面。

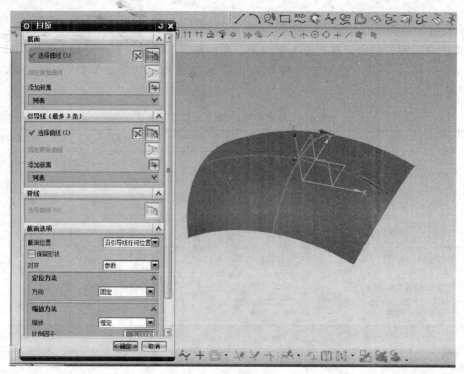

图 8-7　扫掠曲面参数设置

（4）草图实体拉伸

　　选择拉伸功能键，以图 8-5 所示的草图曲线为界面曲线，以 Z 轴为方向矢量拉伸到图 8-7所示的扫掠曲面，生成实体特征，如图 8-8 所示。

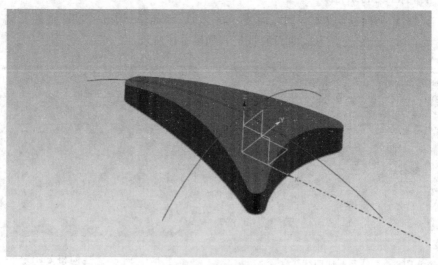

图 8-8　草图实体

（5）建立圆柱体模型

　　选择圆柱体指令，以 Z 轴为指定矢量，以（0，0，0）点位为指定点，分别根据图 8-9 和图 8-10 所示的对话框设置参数，对应生成底端的圆柱体基座和上端的小圆台。

图 8-9　圆柱体基座参数设置图

图 8-10　小圆台参数设置

（6）布尔求和运算

选择【布尔运算】按钮，将图 8-8 所示的草图实体、圆柱体基座、小圆台进行布尔求和，使其成为一个实体模型，结果如图 8-11 所示。

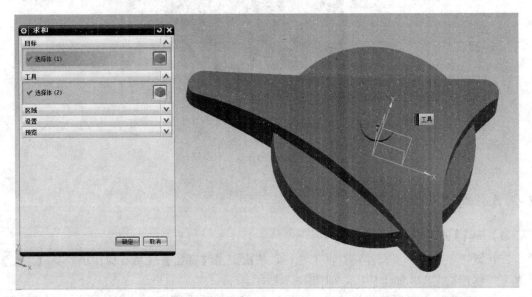

图 8-11　布尔求和

（7）圆角过渡

选择【边倒圆】指令，按如图 8-12 设置参数生成零件边倒圆，这样就得到了零件的最终三维模型，如图 8-13 所示。

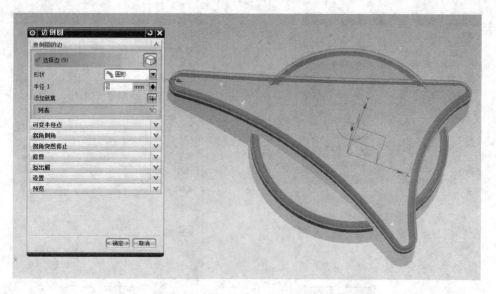

图 8-12 圆角过渡参数设置

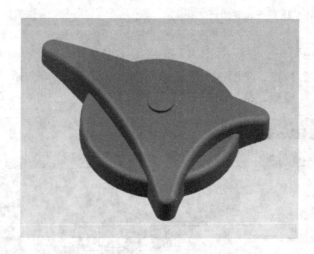

图 8-13 按钮零件的三维模型

8.2.4 旋钮零件的编程

（1）选择加工模块

打开旋钮零件的模型文件，点击工具栏，依次点击【开始】→【所有应用模块】→【加工】，进入 UG 软件的 CAM 加工环境，如图 8-14 所示。

在软件的左侧树形窗口位置，选择工序导航器，然后在其窗口空白处中单击鼠标右键，在弹出的菜单中选择几何视图，会出现 MCS_MILL 坐标系和 WORKPIECE 部件选项，MCS_MILL 坐标系是用来编程的加工坐标系。

（2）设定 MCS_MILL 坐标系

双击 MCS_MILL 选项，设定加工坐标系，这里选择零件上表面小圆台的圆心为MCS_MILL 坐标系的零点，然后确定完成，如图 8-15 和图 8-16 所示。

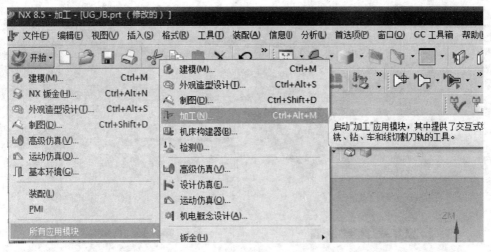

图 8-14　加工模块的选择

图 8-15　工序导航器

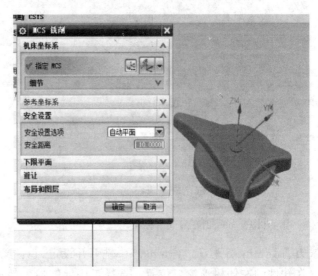

图 8-16　MCS_MILL 坐标系

（3）指定 WORKPIECE

双击 WORKPIECE 选项，在弹出的对话框中选择指定部件，点击后弹出部件几何体窗口，以整个零件模型为选择对象，选择后确定退出。接着选择指定毛坯，点击弹出的毛坯几何体，类型选择包容块，限制 X 轴 Y 轴正负方向分别偏置 10mm，确定后生成毛坯几何体，如图 8-17 和图 8-18 所示。

（4）创建刀具

选择弹出刀具创建窗口，如图 8-19 所示。类型选择 mill_planner，刀具子类型选择平底铣刀或者球头铣刀，名称可以自己定义，例如 D12 代表直径为 12mm 的立铣刀，R4 代表 4mm 球头铣刀。这里选择平底铣刀，修改刀具名称为 D12，确定后弹出修改铣刀参数窗口，如图 8-20 所示，在铣刀参数中修改刀具直径为 12mm，其余参数保持不变，这样就可以建立一把 D12 的平底铣刀。按上述过程依次选择创建三把刀具，分别为 ϕ12mm

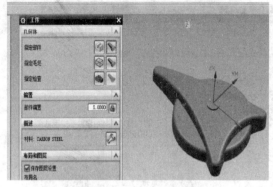

图 8-17　部件几何体

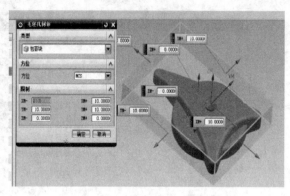

图 8-18　毛坯几何体

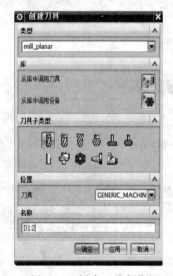

图 8-19　创建刀具名称

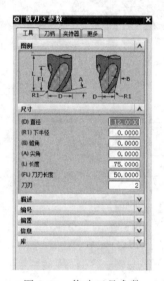

图 8-20　修改刀具参数

端铣刀、ϕ8mm 端铣刀、ϕ4mm 球头铣刀并设定刀具参数。

在软件的左侧树形窗口位置，选择工序导航器，然后在其窗口空白处中单击鼠标右键，在弹出的菜单中选择机床视图，可以看到建立的所有刀具。

(5) 创建型腔铣削粗加工

选择 弹出创建工序对话框，如图 8-21 所示。类型选择 mill_contour，程序选择 NC_PROGRAM，刀具选择 D12，几何体选择 WORKPIECE，方法选择 MILL_ROUGH，确定后弹出图 8-22 所示对话框，在此设置铣削参数，切削模式为跟随周边，步距选择刀具直径百分比，参数为 60%，每刀的吃刀深度选择恒定，最大距离 1mm；切削参数中设定余量，部件侧面余量 1mm，主轴速度设定 3000r/min，进给率设定 250mm/min，利用计算器自动计算出表面速度和每齿进给量，其他项默认；程序设定为 NC_PROGRAM，然后在操作项中点击 ，即可生成刀具路径，待生成完成后，可选择 实体仿真验证刀具路径，如图 8-23 所示。

(6) 创建型腔铣削半精加工

在左侧机床视图中复制 CAVITY_MILL，然后在 WORKPIECE 上粘贴，生成 CAVITY_MILL_COPY，双击进入设置，几何体选择 WORKPIECE，刀具选择 D8，切削模式选择轮廓加工，步距选择恒定，最大距离 0.2mm，生成半精加工刀具路径，如图 8-24和图 8-25 所示。

图 8-21 创建工序设置图

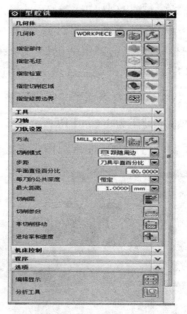

图 8-22 型腔铣削参数设置

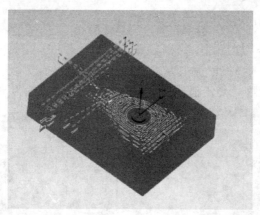

图 8-23 粗加工刀具路径

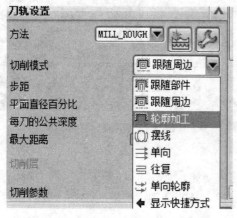

图 8-24 型腔铣削-轮廓加工参数设置

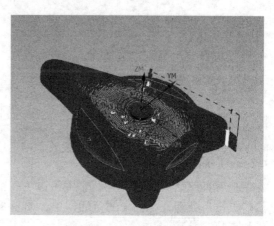

图 8-25 半精加工刀具路径

（7）曲面区域精加工

选择 弹出创建工序对话框，类型选择 mill _ contour，工序子类型选择 ，程序选择 NC _ PROGRAM，刀具选择 R4，几何体选择 WORKPIECE，方法选择 MILL _ SEMI _ FINISH，然后点击确定弹出如图 8-26 所示对话框，驱动方法选择区域铣削，指定切削区域，选择如图 8-26 变色区域为切削区域。导轨设置中方法选择 MILL _ SEMI _ FINISH，点击 ，设定部件余量为 0；设定主轴速度 3000r/min，进给率设定 250mm/min，其他项默认；程序设定为 NC _ PROGRAM，然后在操作项中点击 ，即可生成刀具路径，待生成完成后，选择 可进行实体仿真验证刀具路径，如图 8-27 所示。

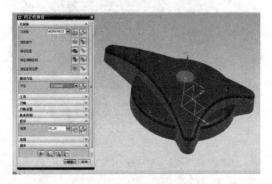

图 8-26　切削区域选择

图 8-27　精加工刀具路径

（8）实体验证刀具加工路径

在图 8-28 对话框中选择三段加工方式，进行刀路轨迹确认，进入刀轨可视化界面，选择 2D 动态，调整动画速度，点击播放，即可进行刀路的加工模拟确认，如图 8-29 所示。

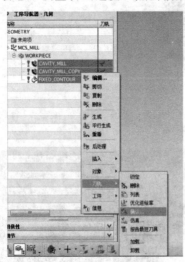

图 8-28　刀具路径选择

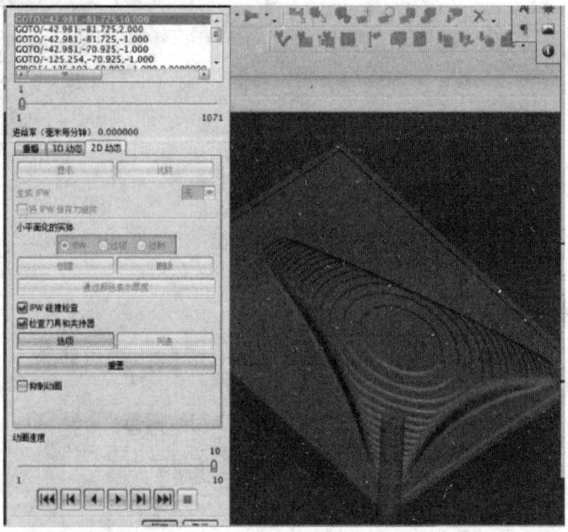

图 8-29　刀具路径实体仿真

（9）后置处理生成程序

把刀具路径变为 G 代码，需要经过 UG 的后处理功能，如图 8-30 所示，选择右键确认，然后点击后处理，在弹出的对话框中，如图 8-31 所示，选择 MILL _ 3 _ AXIS，应用即可生成加工程序。

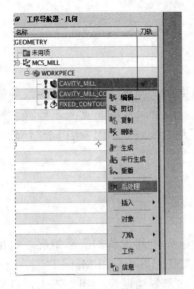

图 8-30 后处理刀路选择

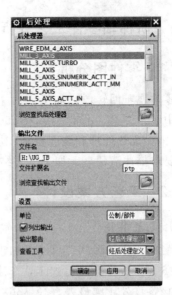

图 8-31 选择合适的机床

8.3 数控车自动编程实例

8.3.1 加工实例描述

UG NX 车削加工包括粗车加工、沟槽加工、内孔加工和螺纹加工，通过车削加工模块的工序导航器可以方便地管理加工操作方法和加工参数。下面以图 8-32 所示的阶梯轴零件为例，来具体介绍回转体零件的编程过程。

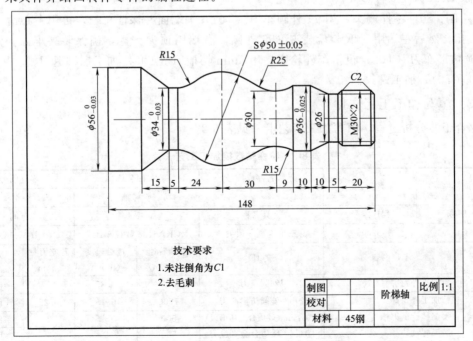

图 8-32 阶梯轴零件图

8.3.2 阶梯轴零件工艺分析

8.3.2.1 零件图分析

该零件属于回转体，加工表面主要由圆柱面、圆锥面、圆弧面、沟槽、螺纹等要素组成。其中 $\phi 56_{-0.03}^{0}$、$\phi 34_{-0.03}^{0}$、$S\phi 50 \pm 0.05$、$\phi 36_{-0.025}^{0}$ 四个尺寸的精度要求较高。零件材料为 45 钢，无热处理和硬度要求，加工工艺性较好。整个零件图尺寸标注完整，轮廓及各类技术要求描述清楚，无加工工艺结构不合理之处。

8.3.2.2 工艺方案设计

(1) 工艺准备

◎ 考虑到零件形状、尺寸及加工精度要求，同时兼顾车间设备的实际情况，这里选用 CKA6136 型数控车床进行加工，车床的数控系统为 FANUC Series 0i Mate-TC。

◎ 该零件外轮廓最大直径 $\phi 56_{-0.03}^{0}$，最小直径 $\phi 26$，各轴段尺寸相差不大，且为单件生产。零件材料为 45 钢，没有特殊的性能要求。鉴于上述两点，选择毛坯类型为棒料，尺寸规格为 $\phi 60mm \times 160mm$。

◎ 考虑到零件的加工要素包括外轮廓、沟槽、螺纹，因此用到 95°外圆车刀（T01）、93°外圆仿形车刀（T02）、5mm 切槽刀（T03）、60°螺纹车刀（T04）、中心钻（T05）。

◎ 零件为一般的回转体零件，形状规则，故加工时选择三爪卡盘和顶尖进行装夹。

(2) 工艺过程设计

分析该阶梯轴零件，设计工艺过程如下。

◎ 工序 10：用三爪卡盘装夹毛坯，用 95°外圆车刀（T01）先平端面，然后粗精车左端外轮廓，最终保证尺寸 $\phi 56_{-0.03}^{0}$。

◎ 工序 20：零件调头，用 95°外圆车刀（T01）平端面并保证总长，再用中心钻（T05）打中心孔。然后左端用三爪卡盘装夹 $\phi 56$ 外圆，右端用顶尖支撑，确保装夹牢固。依次用 93°外圆仿形车刀（T02）粗精车外轮廓、用 5mm 切槽刀（T03）加工螺纹退刀槽、用 60°螺纹车刀（T04）加工螺纹。

(3) 填写加工工艺文件

综合工艺分析过程，填写加工工艺卡，见表 8-2。

表 8-2 阶梯轴数控加工工艺卡片

单位名称	×××	产品名称或代号		零件名称		零件图号	
		×××		阶梯轴		×××	
工序号	程序编号	夹具名称		加工设备		车间	
20	O2005	三爪卡盘+顶尖		CKA6136 数控车床		数控中心	
工步号	工步内容		刀具	主轴转速 /(r/min)	进给速度 /(mm/r)	背吃刀量 /mm	备注
1	粗加工外轮廓		T02：95°外圆车刀	800	0.35	1	自动
2	精加工外轮廓		T02：93°外圆仿形车刀	1200	0.15	0.25	自动
3	加工螺纹退刀槽		T03：5mm 硬质合金切槽刀	500	0.15	2	自动
4	加工螺纹		T04：60°硬质合金螺纹刀	500	2		自动
编制	×××	审核	×××	批准	×××	年 月 日	共 页 第 页

8.3.3 阶梯轴零件编程

根据零件的特点，选用"轮廓粗车"、"轮廓精车"、"车沟槽"和"车螺纹"的方法进行加工。下面以外轮廓粗加工为例，来介绍数控车自动编程的步骤。

（1）建立加工模型

利用草图绘制图形截面，利用旋转命令完成零件模型的绘制，绘制结果如图 8-33 所示。

（2）进入加工模块

选择下拉菜单"开始"／"加工"命令，进入到"加工环境"对话框，选择"turning"选项，单击"确定"进入加工环境。

◎ 创建部件几何体。单击图标"创建几何体" ，进入到对话框中，如图 8-34 所示。选择"子类型"为 （MCS_SPINDLE），几何体选择"WORKPIECE"，名称可以自定义，也可以默认。选中结束后单击"确认"。

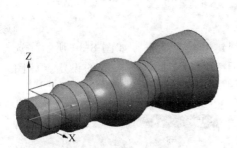

图 8-33 阶梯轴零件模型

图 8-34 创建几何体对话框

◎ 创建机床坐标系。点击确定后，系统进入到 MCS 主轴对话框，如图 8-35 所示。捕捉圆边线的圆心，默认其他参数设置，单击"确定"完成坐标系的创建，如图 8-36 所示。

图 8-35 创建 MCS 主轴对话框

图 8-36 创建坐标系

◎ 工件设置。双击 WORKPIECE 进入工件设置对话框，指定部件和毛坯。指定部件的过程中，指定整个零件作为加工部件。利用圆柱包容块设置毛坯。如图 8-37 所示。

◎ 创建车削工件。在工序导航器几何视图状态下，双击 WORKPIECE 下的子菜单节点

◎ TURNING_WORKPIECE，系统弹出"车削工件"对话框，如图 8-38 所示，设定部件边界和毛坯边界。

图 8-37　工件设置对话框

图 8-38　车削工件对话框

◎ 创建刀具。单击创建刀具图标，打开创建刀具对话框，如图 8-39 所示。选择刀具子类型后，进入刀具参数设置对话框。进行刀具和车刀夹持器等参数的设定，如图 8-40 所示。

图 8-39　创建刀具对话框

图 8-40　车刀标准对话框

◎ 创建车削操作。单击工序图标 弹出"创建工序"对话框，如图 8-41 所示。在"工序子类型"中选择"外圆粗车"并选择"程序"、"刀具"、"几何体"和"方法"，选定结束后单击"确定"。在新弹出的外径粗车对话框中设置加工参数。如图 8-42 所示，设定完成后，在外径粗车的对话框中，单击生成 命令，得到外圆粗车的加工轨迹，如图 8-43 所示。在"导轨可视化对话框"可以对加工轨迹进行仿真。

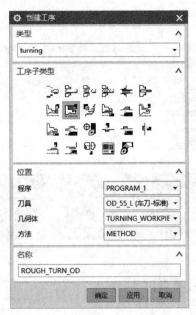

图 8-41 创建工序对话框

图 8-42 外径粗车对话框

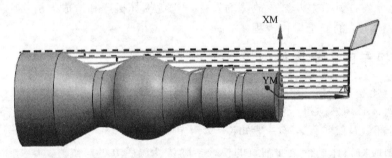

图 8-43 外圆粗车加工轨迹

　　其他的工序步骤程序的编制过程和外圆加工类似，一般可以通过选择不同的加工方式，设置相应的加工参数，得到相应的数控加工轨迹，再通过后处理即可获得相应的数控加工程序。按照上述的加工步骤，大家可以尝试完成端面加工、螺纹加工和精加工的数控加工程序。

第9章

数控机床安全操作与维护保养

9.1 数控机床安全操作规程

数控机床是集机、电、液、计算机和自动控制技术及测试技术于一身的典型机电一体化设备。为了充分发挥其效益，减少故障的发生，避免损坏机床和造成人员伤亡事故，操作数控机床必须遵循严格的安全操作规程。

9.1.1 数控车床安全操作规程

① 工作时穿好工作服、不允许戴手套操作机床。

② 操作人员必须熟悉机床使用说明书等有关资料。如：主要技术参数、传动原理、主要结构、润滑部位及维护保养等一般知识。

③ 开机前应对机床进行全面细致的检查，确认无误后方可操作。

④ 机床上电后，先检查各开关、旋钮是否在正确位置，确认正常后才能进行下一步工作。

⑤ 检查液压卡盘和尾座顶紧所需的油压值，不得低于规定值。

⑥ 检查机床 X、Z 方向的超程和软行程范围，是否在所设定的安全范围。

⑦ 检查安全门是否有效。

⑧ 检查卡盘卡爪是否与安装的工件符合。

⑨ 装工件时必须放正，卡爪夹紧后再开车。卸工件时，等卡盘停稳后再取下工件。

⑩ 加工时调出所需的程序，光标必须处在程序的第一个程序段。

⑪ 在进行首次车工件时，必须进行空运转，单段执行，并且把进给倍率调到低挡位置，异常时，立即停车，程序正常执行后才能进行正常车削。

⑫ 工作时必须合上安全门，且不得随意用手触动键盘上的按键及操作面板上的开关。

⑬ 机床运转中操作者不得离开岗位，若加工中出现工件跳动、打抖、异常声音、夹具松动等异常情况时，必须立即停车处理。

⑭ 不加工时，应把状态放在非"AUTO"挡上，以防误动作。

⑮ 未经允许不得打开机床电器防护门，勿要对机内系统文件进行更改或删除。

9.1.2 数控铣床/加工中心安全操作规程

9.1.2.1 加工前准备

① 操作者必须根据机床使用说明书熟悉机床性能、加工范围和精度，并要熟练地掌握机床及其数控装置各部分作用及操作方法。

② 检查各开关、旋钮是否在正确位置。

③ 检查润滑油是否满足要求，风压是否符合压力规定。

④ 启动控制电气部分，按规定进行预热。

⑤ 开动机床使其空运转，并检查各开关、按钮、旋钮的灵敏性及润滑系统是否正常。

⑥ 熟悉被加工工件的加工程序和编程原点。

9.1.2.2 机床工作时

① 机床工作时，不要把手接近运动部件，如主轴丝杠、刀库、机械手等。

② 机床处于自动加工循环状态时，不要进入机床工作区域。

③ 机床工作过程中或工作刚结束时不准用手触摸电机外罩，以免引起烫伤。

④ 机床处于正常工作状态时，不要打开防护门。

⑤ 在同一时间内，只能由一人操作机床。

⑥ 短时间离开机床也要停止机器，控制框锁上，并做警告说明。

⑦ 操作停止后，关闭机床，切断电源。

9.1.2.3 刀具与工件的装夹

① 安放刀具时应注意刀具的使用顺序、安放位置必须与程序要求的顺序和位置一致。

② 按规定型号和长度使用刀具、刀柄。

③ 用可靠的方式安装和拆卸刀具。

④ 工件的装夹除应牢固可靠外，还应注意避免在工作中刀具与工件或卡具发生干涉。

9.1.2.4 操作人员要求

① 要穿戴好防护用品，女工必须戴工作帽。

② 装卸刀具、装夹尖锐工件时，要戴手套。

③ 机床运行期间，不得戴手套操作，不准擅自离开。

9.2 数控机床的维护与保养

在企业生产中，数控机床能否达到加工精度高、产品质量稳定、提高生产效率的目标，这不仅取决于机床本身的精度和性能，很大程度上还取决于是否正确使用、维护及保养。合理地使用能防止机床非正常磨损，避免意外恶性事故的发生。同时精心的维护保养措施可使设备保持良好的技术状态，延缓老化进程。

9.2.1 数控机床维护与保养的基本要求

（1）重视数控机床的维护与保养工作

在思想上要高度重视数控机床的维护与保养工作，尤其是对数控机床的操作者更应如此，不能只管操作，而忽视对数控机床的日常维护与保养。

（2）提高操作人员的综合素质

数控机床是典型的机电一体化产品，其控制系统复杂，因此要求操作人员具有较高的综合素质，他们不仅要有高度的责任心和良好的职业道德，而且要有和数控设备有关的机械结构、数控编程、加工工艺、数控系统、数控原理、计算机原理、电子电工技术 、自动控制与电力拖动、测量技术等方面的知识，更要有较强的动手实践能力。另外，为了适应数控机床 CNC 系统升级、更新换代，数控机床操作人员需经常参加专业理论培训学习。

（3）合理选择数控机床工作场地

与普通机床相比，数控机床对使用环境要求较高。避免阳光直接照射和其他热辐射、避免潮湿和粉尘场所，尽量在空调环境中使用，保持室温 20℃左右；要避免有腐蚀气体的场所，因腐蚀气体易使电子元件变质，或造成接触不良，或造成元件短路，影响机床的正常运行；要远离振动大的设备（冲床、锻压设备等），对于高精度的机床还应采用防振措施；要远离强电磁干扰源，使机床工作稳定。

（4）严格遵循正确的操作规程

无论是什么类型的数控机床，它都有一套自己的操作规程，这既是保证操作人员人身安全的重要措施之一，也是保证设备安全、产品质量等的重要措施。因此，使用者必须按照操作规程正确操作，如果机床在第一次使用或长期没有时，应先使其空转几分钟；并要特别注意使用中开机、关机的顺序和注意事项。十分清楚各类数控机床的操作规程。

（5）尽可能提高数控机床的开动率

在使用中，要尽可能提高数控机床的开动率。对于新购置的数控机床应尽快投入使用，设备在使用初期故障率相对来说往往大一些，用户应在保修期内充分利用机床，使其薄弱环节尽早暴露出来，在保修期内得以解决。如果在缺少生产任务时，也不能空闲不用，要定期通电，每次空运行 1h 左右，利用机床运行时的发热量来去除或降低机内的湿度。

（6）要冷静对待机床故障，不可盲目处理

机床在使用中不可避免地会出现一些故障，此时操作者要冷静对待，不可盲目处理，以免产生更为严重的后果，要注意保留现场，待维修人员来后如实说明故障前后的情况，并参与共同分析问题，尽早排除故障。故障若属于操作原因，操作人员要及时吸取经验，避免下次犯同样的错误。

（7）制订并且严格执行数控机床管理的规章制度

除了对数控机床的日常维护外，还必须制订并且严格执行数控机床管理的规章制度。主要包括：定人、定岗和定责任的"三定"制度，定期检查制度，规范的交接班制度等，也是数控机床管理、维护与保养的重要内容。

9.2.2　数控机床维护与保养的点检管理

点检是指按照一定的标准和一定周期对设备进行定点、定时的检查和维护，以便早期发现设备故障隐患，及时加以修理调整，使设备保持其规定功能。开展点检是数控机床维护的有效办法，可以把可能出现的故障消灭在萌芽状态。数控机床的点检主要包括下列内容。

① 定点：确定一台数控机床维护点个数，科学分析，找准可能发生故障的部位。

② 定标：对每个维护点逐个制订标准，如间隙、温度、压力、流量、松紧度等。明确

数量标准，超过规定标准则视为故障。

③ 定期：根据具体情况定出检查周期，即多长时间检查一次。

④ 定项：规定每个维护点检查哪些项目。

⑤ 定人：根据检查部位和技术精度要求确定由谁进行检查，是操作者、维修人员还是技术人员。

⑥ 定法：明确检查的方法，是人工观察还是使用仪器测量，是采用普通仪器还是精密仪器。

⑦ 检查：规定检查的环境、步骤，是在生产运行中检查还是停机检查，是解体检查还是不解体检查。

⑧ 记录：按规定格式详细填写检查记录，要填写检查数据及其与规定标准的差值、判定印象、处理意见，检查者要签名并注明检查时间等。

⑨ 处理：检查中能够处理和调整的问题要及时进行处理和调整，并将处理结果记入处理记录。没有能力或没有条件处理的，要及时报告有关人员，安排处理。任何人、任何时间处理都要填写处理记录。

⑩ 分析：检查记录和处理记录都要定期进行系统分析，找出薄弱"维护点"，即故障率高的点或损失大的环节，提出意见，交设计人员进行改进设计。

数控机床的点检作为一项工作制度，必须认真执行并持之以恒，才能保证机床的正常运行。从点检的要求和内容上看，点检可分为专职点检、日常点检和生产点检三个层次，数控机床点检维修过程如图 9-1 所示。

① 专职点检：专职点检负责对机床的关键部位和重要部件按周期进行重点点检和设备状态监测与故障诊断，制订点检计划，做好诊断记录，分析维修结果，提出改善设备维护管理的建议，由专职维修人员进行。

② 日常点检：日常点检负责对机床的一般部件进行点检，处理和检查机床在运行过程中出现的故障，内容有振动、异音、松动、温升、压力等可以从机床外表进行检测的对象，由机床操作人员负责。

③ 生产点检：负责对生产运行中的数控机床进行点检，并负责润滑、紧固等工作。

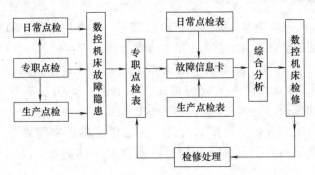

图 9-1 数控机床点检维修过程

9.2.3 数控机床的日常维护

制订安全合理的机床维修保养制度，有效地做到预防故障为主，对于数控机床用户具有重要的意义。预防性维护的关键是加强日常保养，主要的保养工作有日常点检、月检查、季检查与半年检查等。

（1）日常点检

日检就是根据各系统的正常情况来加以检测。日常点检由操作工完成，接通电源前主要检查工作台、丝杠、切削槽与机床表面等的清洁工作；液压油、冷却液与润滑油的充足性与泄漏的检查；指定润滑油注油孔的注油；刀具、工具、测具与量具准备的检查；操作面板开关正常位置的检查，限位开关、接近开关与急停开关的检查；工作台与刀架正常位置的检查；外电源与机床接地检查；机床环境、安全检查等等。接通电源后主要检查操作面板上各指示灯是否正常。

（2）月检查

月检查主要是对电源和空气干燥器进行检查。电源电压在正常情况下应为 $180\sim220\text{V}$，频率 50Hz，如有异常，要对其进行测量、调整。空气干燥器应该每月拆一次，然后进行清洗、装配。

（3）季检查

季检查主要是从机床床身、液压系统、主轴润滑系统三方面进行检查。例如，对机床床身进行检查时，主要看机床精度、机床水平是否符合手册中的要求，如有问题，应马上和机械工程师联系。对液压系统和主轴润滑系统进行检查时，如有问题应更换新油，并对其进行清洗。

（4）半年检

半年后，应该对机床的液压系统、主轴润滑系统以及 X 轴进行检查，如出现毛病，应该更换新油，然后进行清洗工作。

9.2.4 机械部分的维护与保养

数控机床机械部分的维护与保养主要包括：主轴部件、进给传动机构、导轨等部件的维护与保养。

9.2.4.1 主轴部件的维护与保养

主轴部件是数控机床机械部分中的重要组成部件，主要由主轴、轴承、主轴准停装置、自动装夹和切屑清除装置组成，在机床使用和维护过程中应注意以下几个问题。

① 良好的润滑效果，可以降低轴承的工作温度和延长使用寿命。首先要根据机床类型正确选择主轴的润滑方式。普通数控机床工作过程中，主轴转速不高（低于 6000r/min），采用油脂或油液循环润滑；高速数控机床加工时主轴转速较高，采用油雾、油气润滑方式。采用油脂润滑时，主轴轴承的封入量通常为轴承空间容积的 $10\%\sim15\%$；油液润滑时，通常采用循环式润滑系统，用液压泵强力供油润滑，使用油温控制器控制油箱油液温度。

② 常见主轴润滑方式为油气润滑方式和油雾润滑方式两种，油雾润滑方式是连续供给油雾，油气润滑是定时定量地把油雾送进轴承空隙中，既实现油雾润滑，又避免油雾太多而污染周围空气。

③ 喷注润滑方式是用较大流量的恒温油（每个轴承 $3\sim4\text{L/min}$）喷注到主轴轴承，以达到润滑、冷却的目的。注意必须靠排油泵强制排油，而不能自然回流。同时，还要采用专用的大容量高精度恒温油箱，油温变动控制在 $\pm0.5℃$。

④ 每天检查主轴润滑恒温油箱、调节温度范围，使其油量充足，工作正常。每年对主轴润滑油箱中的润滑油更换一次，并清洗过滤器。

⑤ 主轴部件的密封不仅要防止灰尘、切屑粉末、切削液进入主轴部件，还要防止润滑油的泄漏。对于采用油毡圈和耐油橡胶密封圈的接触式密封，要注意检查其老化和破损；对于非接触式密封，要保证回油孔的通畅，保证回油能够尽快排掉。

⑥ 带传动的主轴系统，需要定期观察调整主轴驱动带的松紧程度，防止因带打滑造成丢转的现象，主传动链出现不正常现象时，应立即停机排除故障。

⑦ 主轴中刀具夹紧装置长时间使用后，会产生间隙，影响刀具的夹紧，需及时调整液压缸活塞的位移量。

⑧ 注意保持主轴与刀柄连接部位及刀柄的清洁，防止对主轴的机械碰击。

⑨ 当主轴上没有安装刀柄时，最好不要在机床内使用气枪，防止切屑及粉尘吹到主轴内。压缩空气需经去油去水除粉尘处理并调整到标准要求值。足够的气压才能将主轴锥孔中的切屑和灰尘清理彻底。

⑩ 严禁数控机床主传动链超负荷使用。

9.2.4.2 进给传动机构的维护与保养

进给传动机构的机电部件主要有：伺服电动机及检测元件、减速机构、滚珠丝杠螺母副、丝杠轴承、运动部件（工作台、主轴箱、立柱等）。这里主要对滚珠丝杠螺母副的维护与保养问题加以说明。

① 定期检查、调整滚珠丝杠螺母副轴向间隙。

为了保证滚珠丝杠副的反向传动精度和轴向刚度，必须消除轴向间隙。轴向间隙是指丝杠和螺母无相对转动时，丝杠和螺母之间的最大轴向窜动。由于丝杠螺母副的磨损而导致的轴向间隙，采用调整方法加以消除。常采用双螺母施加预紧力的办法消除轴向间隙，但必须注意控制预紧力的大小，预紧力过大会造成传动效率低，摩擦力增大，磨损增大，使用寿命降低等情况，预紧力过小起不到应有的消隙效果，预紧力应根据滚珠丝杠螺母副的结构控制。消除间隙的方法有三种。

◎ 垫片式调整间隙法。此种方法简单可靠、刚度好，调整费时，适用于一般精度的传动，应用最为广泛。双螺母间加垫片的形式可由专业生产厂根据用户要求事先调整好预紧力，使用时装卸非常方便。

◎ 螺纹调整间隙法。利用一个螺母上的外螺纹，通过圆螺母调整两个螺母的相对轴向位置实现预紧，调整好后用另一个圆螺母锁紧，这种方法结构紧凑、工作可靠，可在滚道磨损后随时调整，调整方便，但预紧力大小不能准确控制。

◎ 齿差调整间隙法。在两个螺母的凸缘上各有圆柱外齿轮，分别与紧固在套筒两端的内齿圈相啮合，并相差一个齿。调整时，先取下内齿圈，根据间隙大小，使两个螺母相对于套筒同方向都转动一个齿或几个齿，然后再插入内齿圈，则两个螺母在轴向便产生相对角位移，从而消除两个螺母的轴向间隙。这种方法，结构复杂，尺寸较大，适用于高精度的传动。

② 定期检查滚珠丝杠与床身的连接是否松动。

③ 定期检查滚珠丝杠螺母副的密封。滚珠丝杠螺母副与其他滚动摩擦的传动件一样，应避免灰尘或切屑进入，因此应为滚珠丝杠加装防护罩，并注意定期检查，如有损坏应及时

更换。每班次都应该清扫防护罩上的铁屑，以免铁屑渗透到防护罩里面。防护罩上面不要放置较重的工件，且不要站立在防护罩上。

④ 定期检查滚珠丝杠螺母副的润滑。滚珠丝杠螺母副如果采用油脂润滑，每半年对滚珠丝杠上的润滑脂更换一次。清洗丝杠上的旧润滑脂，涂上新的润滑脂。如果采用油润滑，则要每次机床工作前通过注油孔注油一次。

⑤ 支承轴承的维护。对定期检修、运转检查及外围零件更换时被拆卸下来的轴承进行检查，运转过程中，根据轴承的滚动声、振动、温度、润滑的状态判断是否存在异常。

9.2.4.3　机床导轨的维护与保养

机床导轨主要用来支承和引导运动部件沿一定的轨道运动。机床导轨副是数控机床的重要部件之一，它在很大程度上决定数控机床的刚度、精度和精度保持性。机床导轨的维护与保养主要是导轨的润滑和防护。

(1) 导轨的润滑

导轨润滑的目的是减少摩擦阻力和摩擦磨损，以避免低速爬行和降低高温时的温升。因此导轨的润滑很重要。对于滑动导轨，采用润滑油润滑；而滚动导轨，则润滑油或者润滑脂均可。导轨的油润滑一般采用自动润滑，对运动速度较高的导轨大都是采用润滑泵，以压力油进行强制润滑。在操作使用中要注意检查自动润滑系统中的分流阀，如果它发生故障则会造成导轨不能自动润滑。此外，必须做到每天检查导轨润滑油箱油量，如果油量不够，则应及时添加润滑油；同时要注意检查润滑油泵是否能够定时启动和停止，并且要注意检查定时启动时是否能够提供润滑油。

(2) 导轨的防护

为了防止在操作使用中切屑、磨粒或者切削液散落在导轨面上而引起导轨的磨损、擦伤和锈蚀，导轨面上应有可靠的防护装置。要注意导轨防护装置的日常检查，机床使用过程中，应防止防护罩损坏，对层叠式防护罩应经常用刷子蘸专用油清理移动接缝，以避免碰壳现象。

9.2.4.4　回转工作台的维护与保养

回转工作台具有圆周进给运动和分度的功能。对于加工中心，回转工作台已成为一个不可缺少的部件。在生产过程中要严格按照使用说明书和操作规程进行，注意回转工作台润滑防护。因此，在操作使用中要注意严格按照回转工作台的使用说明书要求和操作规程正确操作使用。特别注意回转工作台传动机构和导轨的润滑。

9.2.5　辅助装置的维护与保养

数控机床辅助装置的维护与保养主要包括：数控分度头、自动换刀装置、液压气压系统的维护与保养。

9.2.5.1　数控分度头的维护与保养

数控分度头是数控铣床和加工中心等的常用附件，其作用是按照 CNC 装置的指令作回转分度或者连续回转进给运动，使数控机床能够完成指定的加工精度，因此，在操作使用中要注意严格按照数控分度头的使用说明书要求和操作规程正确操作使用。

9.2.5.2　刀库及换刀机械手的维护与保养

自动换刀装置是加工中心区别于其他数控机床的特征结构。它具有根据加工工艺要求自动更换所需刀具的功能，以帮助数控机床节省辅助时间，并满足在一次安装中完成多工序、工步加工要求。使用中，需注意以下几点。

① 严禁把超重、超长的刀具装入刀库，以避免机械手换刀时掉刀或刀具与工件、夹具发生碰撞。

② 经常检查刀库的回零位置是否正确，检查机床主轴回、换刀点位置是否到位，并及时调整。

③ 开机时，应使刀库和机械手空运行，检查各部分是否正常工作，特别是行程开关和电磁阀是否能正常动作。

④ 检查刀具在机械手上锁紧是否可靠，注意换刀从可靠性和安全性检查。

9.2.5.3　液压系统的维护与保养

液压传动装置由于使用工作压力高的油性介质，因此机构输出力大，机械结构更紧凑，运动平稳易调节，需配置油泵和油箱，油液渗漏时会污染环境。维护保养时需注意以下要点。

① 定期对油箱内的油进行油质检查、添加和更换，以控制油液污染，保持油液清洁充足。

② 定期检查清洗油箱和管路。

③ 检查冷却器和加热器的工作性能，控制油液的温升。

④ 定期检查更换密封件，防止液压系统泄漏。

⑤ 严格执行定期紧固、清洗、过滤和更换制度，定期对各润滑、液压系统的过滤器或分滤网进行清洗或更换。

⑥ 严格执行日常点检制度，检查系统的泄漏、噪声、振动、压力、温度等是否正常。

9.2.5.4　气动系统的维护与保养

气动装置的气源容易获得，机床可以不必再单独配置动力源，装置结构简单，工作介质不污染环境，工作速度快且动作频率高，适合于完成频繁启动的辅助工作。气动装置在维护维护保养时需注意以下几点。

① 选用合适的过滤器，清除压缩空气中的杂质和水分，保证供给洁净的压缩空气。

② 定期检查清洗或更换气动元件、滤芯。

③ 保持气动系统的密封性，定期检查更换密封件。

④ 注意调节工作压力，保证气动装置具有合适的工作压力和运动速度。

⑤ 检查系统中油雾器的供油量，保证空气中有适量的润滑油来润滑气动元件，防止生锈、磨损造成空气泄漏和元件动作失灵。

9.2.6　数控系统的维护与保养

数控系统是数控机床电气控制系统的核心。各类数控机床因其功能、结构及系统的不同，各具不同的特性。其维护保养的内容和规则也各有其特色。具体应根据其机床种类、型号及实际使用情况，参照机床使用说明书要求，制订必要的保养制度。每台机床数控系统在运行一定时间后，某些元器件难免出现一些损坏或者故障。为了尽可能地延长元器件的使用寿命，防止各种故障，特别是恶性事故的发生，就必须对数控系统进行日常的维护与保养。CNC 系统的日常维护主要包括以下几方面。

① 严格遵守并执行数控机床操作规程和 CNC 系统的日常维护规章制度。根据不同数控机床的性能特点，严格制订机床 CNC 系统的日常维护规章制度，并且在使用和操作中要严格执行。

② 应尽量少开数控柜门和强电柜的门。机加工车间的空气中往往含有油雾、尘埃甚至金属粉末，一旦它们落入数控系统的印刷线路板或者电子器件上，则易引起元器件的绝缘电阻下降，甚至导致线路板或者元器件的损坏。夏季采用打开强电柜门散热的方式是非常不可取的。

③ 定时清理数控装置的散热通风系统，以防止数控装置过热。散热通风系统是防止数控装置过热的重要装置。为此，应每天检查数控柜上各个冷却风扇运转是否正常，每半年或者一季度检查一次风道过滤器是否有堵塞现象，如果有则应及时清理，否则会因过滤网灰尘积聚过多，导致数控柜内温度过高。

④ 定期维护 CNC 系统的输入/输出装置。如 CNC 系统的输入装置中光电阅读机的维护。

⑤ 经常监视 CNC 装置用的电网电压。检查数控系统供电是否正常，电压波动是否在允许范围之内，整个数控电气系统接地是否良好可靠。

⑥ 定期检查和更换存储器电池。数控系统的参数、程序存储在 RAM 中，一般需要在系统断电后由后备电池供电，确保系统不通电期间能保持其存储内容。当电池电压下降到一定值时，就会造成数据丢失。当电池电压下降到限定值或者出现电池电压报警时，应在一周内及时更换电池。电池更换应在 CNC 系统通电状态下进行，防止存储参数丢失。一旦数据丢失，在调换电池后，需重新输入参数。

⑦ 定期给长期不用的 CNC 系统通电。当数控机床长期闲置不用时，也要定期对 CNC 系统进行维护保养。要经常通电检查是否有报警提示，并及时更换备份电池。经常通电可以防止电器元件受潮或印制板受潮短路或断路等。长期不用的机床，每周至少通电两次以上。具体做法是：首先，给 CNC 系统通电，在机床锁住不动的情况下，让机床空运行；其次，在空气湿度较大的梅雨季节，应天天给 CNC 系统通电，这样可利用电器元件本身的发热来驱走数控柜内的潮气，以保证电器元件的性能稳定可靠。

⑧ 备用印刷线路板的维护。备用的印刷线路板应定期装到数控装置上通电运行一段时间，以防损坏。

⑨ CNC 发生故障时的处理。一旦 CNC 系统发生故障，操作人员应采取急停措施，停止系统运行，并且保护好现场。并且协助维修人员做好维修前期的准备工作。

9.2.7　数控机床电气部件的维护与保养

① 要保持电动机的表面清洁干净，要避免水滴、油污落入电机内部，检查电动机的温度是否正常，检查电动机是否有超负荷运行的情况，应对电动机电刷进行定期检查和更换。

② 电气柜内的电器元件可在进行机床的一级 、二级保养的同时，进行电器设备的维护保养。机床的一级保养一般一季度进行一次，主要是检查紧固接线端子和电器元件上的压线螺钉，使所有压接线头牢固可靠，减少接触电阻。二级保养一般一年左右进行一次，主要是检验时间继电器延时时间是否准确，检验热继电器动作特征是否正常动作等。在二级保养时

要把一级保养的各项维护保养工作进行一次。

③ 要清除电气柜内的积灰，保持电路板、电气元件表面干净。

④ 要注意电气设备的使用环境，避免阳光的直接照射和其他热辐射，不要太潮湿，避免粉尘过多和有腐蚀气体的场所。对于精密数控机床设备应远离振动大的设备，机床安装使用时采用专线供电或增加稳压装置。

⑤ 在数控机床长期闲置不用时，应经常给数控系统通电，空运行 1h 左右，利用电器元件本身发热驱走数控电气柜内的潮气，保证电子元器件的性能稳定可靠。

⑥ 定期检查和更换直流电机电刷。在 20 世纪 80 年代生产的数控机床，大多数采用直流伺服电动机，电动机电刷的过度磨损会影响电动机的性能，为此对于直流伺服电动机需要定期检查和更换直流电动机电刷。数控车床、数控铣床、加工中心等，应每年检查一次。此外，如果闲置半年以上不用，则应将直流伺服电动机的电刷取出来，以避免由于化学腐蚀作用而导致换向器表面的腐蚀，确保换向性能。

⑦ 检查机床各部件之间连接导线、电缆不得被腐蚀与破损，发现隐患后及时处理，以防止短路、断路。紧固好接线端子和电器元件上的压线螺钉，使接线头牢固可靠。

9.2.8 数控机床强电控制部件的维护与保养

数控机床电气控制系统除了 CNC 装置以及主轴驱动和进给驱动的伺服系统外，还包括机床强电控制系统。机床强电控制系统主要是由普通交流电动机的驱动和机床电器逻辑控制装置 PLC 及操作盘等部分构成。这里简单介绍机床强电控制系统中普通继电接触器控制系统和 PLC 可编程控制器的维护与保养。

(1) 普通继电接触器控制系统的维护与保养

数控机床除了 CNC 系统外，对于经济型数控机床则还有普通继电接触器控制系统。其维护与保养工作，主要是如何采取措施防止强电柜中的接触器、继电器的强电磁干扰的问题。数控机床的强电柜中的接触器、继电器等电磁部件均是 CNC 系统的干扰源。由于交流接触器、交流电动机的频繁启动、停止时，其电磁感应现象会使 CNC 系统控制电路中产生尖峰或波涌等噪声，干扰系统的正常工作。因此，一定要对这些电磁干扰采取措施，予以消除。例如，对于交流接触器线圈，则在其两端或交流电动机的三相输入端并联 RC 网络来抑制这些电器产生的干扰噪声。此外，要注意防止接触器、继电器触头的氧化和触头的接触不良等。

(2) PLC 可编程控制器的维护与保养

PLC 可编程控制器也是数控机床上重要的电气控制部分。数控机床强电控制系统除了对机床辅助运动和辅助动作控制外，还包括对保护开关、各种行程和极限开关的控制。在上述过程中，PLC 可编程控制器可代替数控机床上强电控制系统中的大部分机床电器，从而实现对主轴、换刀、润滑、冷却、液压、气动等系统的逻辑控制。PLC 可编程控制器与数控装置合为一体时则构成了内装式 PLC，而位于数控装置以外时则构成了独立式 PLC。由于 PLC 的结构组成与数控装置有相似之处，所以其维护与保养可参照数控装置的维护与保养。

习　　题

1. 怎样做到安全操作数控机床？

2. 简述数控机床维护与保养的目的和意义。

3. 数控机床维护与保养的基本要求有哪些？

4. 什么是数控机床的点检？点检包括哪些内容？

5. 数控机床维护与保养的内容有哪些？

6. 机械部分的维护与保养包括哪些内容？

7. 辅助装置的维护保养包括哪些内容？

8. CNC 系统的日常维护主要包括哪几方面？

9. 怎样做好数控机床强电的维护保养工作？

参 考 文 献

[1]　崔兆华. 数控车工（中级）. 北京：机械工业出版社，2007.

[2]　韩鸿鸾. 数控车工（中级）. 北京：机械工业出版社，2007.

[3]　沈建峰，虞俊. 数控车工（高级）. 北京：机械工业出版社，2007.

[4]　沈建峰，虞俊. 数控车工/加工中心操作工（高级）. 北京：机械工业出版社，2007.

[5]　王立军，朱虹. SIEMENS 系统数控车床编程操作与维护. 北京：电子工业出版社，2008.

[6]　王立军. 数控机床编程与操作. 北京：化学工业出版社，2009.

[7]　朱虹. 数控车工实训. 北京：化学工业出版社，2010.

[8]　朱虹. 数控机床加工工艺. 北京：中央广播电视大学出版社，2011.

[9]　王立军. 数控加工编程与操作. 北京：中央广播电视大学出版社，2011.

[10]　耿国卿. 数控车削编程与加工项目教程. 北京：化学工业出版社，2016.